无肉不饭

甘智荣 主编

江苏凤凰科学技术出版社 凤凰含章

图书在版编目（CIP）数据

无肉不饭 / 甘智荣主编 . -- 南京 : 江苏凤凰科学
技术出版社 , 2016.6
（含章·生活＋系列）
ISBN 978-7-5537-5680-6

Ⅰ . ①无… Ⅱ . ①甘… Ⅲ . ①荤菜 - 菜谱 Ⅳ .
① TS972.125

中国版本图书馆 CIP 数据核字 (2015) 第 266323 号

无肉不饭

主　　　编	甘智荣	
责 任 编 辑	张远文	葛　昀
责 任 监 制	曹叶平	方　晨

出 版 发 行	凤凰出版传媒股份有限公司
	江苏凤凰科学技术出版社
出版社地址	南京市湖南路 1 号 A 楼，邮编：210009
出版社网址	http://www.pspress.cn
经　　　销	凤凰出版传媒股份有限公司
印　　　刷	北京旭丰源印刷技术有限公司

开　　　本	718mm × 1000mm　1/16
印　　　张	14
字　　　数	250 000
版　　　次	2016 年 6 月第 1 版
印　　　次	2016 年 6 月第 1 次印刷

标 准 书 号	ISBN 978-7-5537-5680-6
定　　　价	32.80 元

图书如有印装质量问题，可随时向我社出版科调换。

序言
PREFACE

猪肉是人们餐桌上最重要、最常食用的肉类之一，它以味道鲜美、营养全面等特点赢得了人们的青睐，就连宋代文学家苏东坡也对其"情有独钟"，还为我们留下了"东坡肉"这一经典美食佳话。猪肉纤维较为细软，结缔组织较少，肌肉组织中含有较多的肌间脂肪，经过烹调加工后肉味特别鲜美。猪肉还含有丰富的优质蛋白质和人体必需的脂肪酸，能改善缺铁性贫血，因而深受人们欢迎。

提起猪肉这个百姓餐桌上的常客，不管是家庭妇女，还是职业厨师，都会对它的烹制方法、经典菜品如数家珍。如果烹煮得宜，其浓郁的肉香和诱人的滋味不仅能让人大饱口福，还可成为"长寿之药"，对人们身体健康大有裨益。为此，我们精心选了400多道人们爱吃的猪肉菜，依做法不同分为炒肉、红烧肉、蒸肉、扣肉、腊味等类，并将猪肉的拌、炒、烧、蒸、卤等常用技法尽收其中，让你一次性统统学会。全书从烹饪家庭化入手，讲究烹饪的易学、快速、经济，风味南北兼具，菜色花样迭出，能充分满足一家老小一日三餐之需。

400多道滋味变化无穷的猪肉菜，给你大快朵颐的超爽享受，无论是肥腻中透着清香的红烧肉、入口即化的蒸肉，还是油亮亮又下饭的炒肉、越嚼越香的腊肉，都会让你口水直流、无法抵挡，让你的味蕾全面绽放。

目录
CONTENTS

Part3 红烧肉、蒸肉、扣肉

Part4 腊味

Part 1

烹饪方法介绍

　　烹饪方法有很多，如熘、炒、蒸、煮、炸等，掌握了这些烹饪方法，我们可以根据食材的特性，选择适合的烹饪方法，这样既可以让营养更丰富，也可以让味道更鲜美。本章节将教您各种烹饪方法的操作要领，让您应用自如。

拌

拌是一种冷菜的烹饪方法，操作时把生的材料或晾凉的熟料切成小型的丝、条、片、丁、块等形状，再加上各种调味料，拌匀即可。

❶ 将材料洗净，根据其属性切成丝、条、片、丁或块，放入盘中。

❷ 原材料放入沸水中焯烫一下捞出，再放入凉开水中凉透，控净水，入盘。

❸ 将蒜、葱等洗净，并倒入食盐、陈醋、香油等调味料，浇在盘内菜上，拌匀即成。

腌

腌是一种冷菜烹饪方法，是指将原材料放在调味卤汁中浸渍，或用调味品涂抹、拌和原材料，使其部分水分排出，从而使味汁渗入其中。

❶ 将原材料洗净，控干水分，根据其属性切成丝、条、片、丁或块。

❷ 锅中加卤汁调味料煮开，凉后倒入容器中。将原料放入容器中密封，腌7~10天即可。

❸ 食用时可依个人口味加入辣椒油、白糖、味精等调味料。

卤

卤是一种冷菜烹饪方法，指经加工处理的大块或完整原料，放入调好的卤汁中加热煮熟，使卤汁的香鲜滋味渗透进原材料的烹饪方法。调好的卤汁可长期使用，而且越用越香。

❶ 将原材料洗净，入沸水中氽烫以排污除味，捞出后控干水分。

❷ 将原材料放入卤水中，小火慢卤，使其充分入味，卤好后取出，晾凉。

❸ 将卤好晾凉的原材料放入容器中，加入蒜蓉、味精、老抽等调味料拌匀，装盘即可。

炒是使用最广泛的一种烹调方法，是以食用油为主要导热体，将小型原料用中旺火在较短时间内加热成熟、调味成菜的一种烹饪方法。

❶ 将原材料洗净，切好备用。

❷ 锅烧热，注入底油，用葱、姜末炝锅。

❸ 放入加工成丝、片、块状的原材料，直接用旺火翻炒至熟，调味装盘即可。

操作要点

1. 炒的时候，油量的多少一定要视原料的多少而定。

2. 操作时，一定要先将锅烧热，再注入油，一般将油烧至六七成热为佳。

3. 火力的大小和油温的高低要根据原料的材质而定。

熘是一种热菜烹饪方法，在烹调中应用较广。它是先把原料经油炸或蒸煮、滑油等预热加工使之成熟，然后再把成熟的原料放入调制好的卤汁中搅拌，或把卤汁浇在成熟的原料上。

❶ 将原材料洗净，切好备用。

❷ 将原材料经油炸或滑油等预热加工使之成熟。

❸ 将调制好的卤汁放入成熟的原材料中搅拌，装盘即可。

操作要点

1. 熘汁一般都是用淀粉、调味品和高汤勾兑而成，烹制时可以将原料先用调味品拌腌入味后，再用蛋清、团粉挂糊。

2. 熘汁的多少与主要原材料的分量多少有关，而且最后收汁时最好用小火。

烧 烧是烹调中国菜肴的一种常用技法，先将主料进行一次或两次以上的预热处理之后，放入汤中调味，大火烧开后以小火烧至入味，再用大火收汁成菜的烹调方法。

❶ 将原料洗净，切好备用。

❷ 将原料放入锅中加水烧开，加调味料，改小火烧至入味。

❸ 用大火收汁，调味后，起锅装盘即可。

操作要点

1. 所选用的主料多是经过油炸煎炒或蒸煮等预热处理的半成品。

2. 所用的火力以中小火为主，加热时间的长短依据原料的老嫩和大小而不同。

3. 汤汁一般为原料的1/4左右，烧制后期转旺火勾芡或不勾芡。

焖 焖是从烧演变而来的，是将加工处理后的原料放入锅中加适量的汤水和调料，盖紧锅盖烧开后改用小火进行较长时间的加热，待原料酥软入味后，留少量味汁成菜的烹饪方法。

❶ 将原材料洗净，切好备用。

❷ 将原材料与调味料一起炒出香味后，倒入汤汁。

❸ 盖紧锅盖，改中小火焖至熟软后改大火收汁，装盘即可。

操作要点

1. 要先将洗好切好的原料放入沸水中焯熟或入油锅中炸熟。

2. 焖时要加入调味料和足量的汤水，以没过原料为好，而且一定要盖紧锅盖。

3. 一般用中小火较长时间加热焖制，以使原料酥烂入味。

蒸 蒸是一种重要的烹调方法，其原理是将原料放在容器中，以蒸汽加热，使调好味的原料成熟或酥烂入味。其特点是保留了菜肴的原形、原汁、原味。

❶ 将原材料洗净，切好备用。　❷ 将原材料用调味料调好味，摆于盘中。　❸ 将其放入蒸锅，用旺火蒸熟后取出即可。

操作要点

1. 蒸菜对原料的形态和质地要求严格，原料必须新鲜、气味纯正。

2. 蒸时要用强火，但精细材料要用中火或小火。

3. 蒸时要让蒸笼盖稍留缝隙，可避免蒸汽在锅内凝结成水珠流入菜肴中。

烤 烤是将加工处理好或腌渍入味的原料置于烤具内部，用明火、暗火等产生的热辐射进行加热的技法总称。其菜肴特点是原料经烘烤后，表层水分散发，产生松脆的表面和焦香的滋味。

 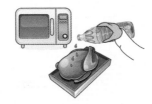 

❶ 将原材料洗净，切好备用。　❷ 将原材料腌渍入味，放在烤盘上，淋入少许油。　❸ 最后放入烤箱，待其烤熟，取出装盘即可。

操作要点

1. 一定要将原材料加调味料腌渍入味，再放入烤箱内烤，这样才能使烤出来的食物美味可口。

2. 烤之前最好将原材料刷上一层香油或食用油。

3. 要注意烤箱的温度，不宜太高，否则容易烤焦。而且要掌握好烤的时间的长短。

一般日常所说的煎，是指先把锅烧热，再以凉油刷锅，留少量底油，放入材料，先煎一面上色，再煎另一面。煎时要不停地晃动锅，以使材料受热均匀，色泽一致，使其熟透，食物表面会呈金黄色乃至微糊。

❶ 将材料洗净。

❷ 将材料腌渍入味，备用。

❸ 锅烧热，倒入少许食用油，放入材料煎至食材熟透，装盘即可。

操作要点

1. 用油要纯净，煎制时要适量注油，以免油少将原料煎焦了。

2. 要掌握好火候，不能用旺火煎；油温高时，煎食物的时间往往需时较短。

3. 还要掌握好调味的方法，一定要将原料腌渍入味，否则煎出来的食物口感不佳。

 炸是将油锅加热后，放入原料，以食油为介质，使其成熟的一种烹饪方法。采用这种方法烹饪的原料，一般要间隔炸两次才能酥脆。炸制菜肴的特点是香、酥、脆、嫩。

❶ 将材料洗净，切好备用。

❷ 将材料腌渍入味或用水淀粉搅拌均匀。

❸ 净锅注油烧热，放入材料炸至焦黄，捞出控油，装盘即可。

操作要点

1. 用于炸的材料在炸前一般需用调味品腌渍，炸后往往随带辅助调味品上席。

2. 炸最主要的特点是要用旺火，而且用油量要多。

3. 有些原材料需经拍粉或挂糊再入油锅炸熟。

炖是指将材料加入汤水及调味品，先用旺火烧沸，然后转成中小火，长时间烧煮的烹调方法。炖出来的汤的特点是滋味鲜浓、香气醇厚。

❶ 将原材料洗净，切好，入沸水锅中氽烫。　❷ 锅中加适量清水，放入原材料，大火烧开，再改用小火慢慢炖至酥烂。　❸ 最后加入调味料即可。

操作要点

1. 大多原材料在炖时不能先放咸味调味品，特别是不能放食盐，因为食盐的渗透作用会严重影响原料的酥烂，延长加热时间。

2. 炖时，先用旺火煮沸，撇去泡沫，再用微火炖至酥烂。

3. 炖时要一次加足水量，中途不宜加水掀盖。

煮是将原材料放在多量的汤汁或清水中，先用大火煮沸，再用中火或小火慢慢煮熟。煮不同于炖，煮比炖的时间要短，一般适用于体小、质软类的原材料。

❶ 将原材料洗净，切好。　❷ 油烧热，放入原材料稍炒，注入适量的清水或汤汁，以大火煮沸，再用中火煮至熟。　❸ 最后放入调味料即可。

操作要点

1. 煮时不要过多地放入葱、姜、料酒等调味料，以免影响汤汁本身的原汁原味。

2. 不要过早过多地放入老抽，以免汤味变酸，颜色变暗发黑。

3. 忌让汤汁大滚大沸，以免肉中的蛋白质分子运动激烈使汤变浑浊。

煲就是将材料用文火煮，慢慢地熬。煲汤往往选择富含蛋白质的动物材料，一般需要3小时左右。

❶ 先将材料洗净，切好备用。　❷ 将材料腌渍入味，备用。　❸ 待水再沸后用中火保持沸腾3~4小时，浓汤呈乳白色时即可。

操作要点

1. 中途不要添加冷水，因为正加热的肉类遇冷收缩，蛋白质不易溶解，汤便失去了原有的鲜香味。

2. 不要太早放入食盐，因为早放食盐会使肉中的蛋白质凝固，从而使汤色发暗，浓度不够，外观不美。

 烩是指将材料油炸或煮熟后改刀，放入锅内加辅料、调料、高汤烩制的烹饪方法，这种方法多用于烹制鱼虾、肉丝、肉片等。

❶ 将所有材料洗净，切块或切丝。　❷ 炒锅注油烧热，将材料略炒，或汆水之后加适量清水，再加入调味料，用大火煮片刻。　❸ 最后以芡汁勾芡，搅拌均匀即可。

操作要点

1. 烩菜对材料的要求比较高，多以质地细嫩柔软的动物性材料为主，以脆鲜嫩爽的植物性材料为辅。

2. 烩菜材料均不宜在汤内久煮，多经焯水或过油，有的材料还需上浆后再进行初步熟处理。一般以汤沸即勾芡为宜，以保证成菜的鲜嫩。

Part2

炒肉

——麻辣鲜香炒出来

　　猪肉的烹饪方法中，炒是最常用的一种。新手下厨，小炒易学易做；老手下厨，小炒又最见功夫。本篇章将教会您各式各样的以猪肉为主要食材的小炒菜肴，各种不同食材与猪肉的黄金搭配，不仅营养丰富，而且让您与您的家人吃得更健康。

江南小炒肉

材料

猪五花肉500克，尖椒300克，红椒300克

调料

食盐4克，鸡精3克，蚝油、老抽、红油、料酒、花生油、淀粉各适量

做法

1. 猪五花肉洗净，切片，用蚝油、老抽和淀粉拌匀腌渍；尖椒、红椒洗净，切圈。
2. 油锅烧热，放肉片入锅用大火炒散至变色后盛起。
3. 放入尖椒、红椒爆炒片刻后放入肉片翻炒，加食盐、鸡精、红油和料酒调味，装盘即可。

客家小炒肉

材料

猪五花肉500克，红辣椒200克，蒜苗300克，西芹300克

调料

食盐3克，味精2克，豆瓣酱、老抽、花生油、料酒、香油各适量

做法

1. 猪五花肉洗净，切片；红辣椒洗净，切圈；蒜苗、西芹洗净，切段。
2. 油锅烧热，放肉片入内翻炒至变色，加入红辣椒、蒜苗、西芹同炒片刻。
2. 放入所有调料翻炒，起锅装盘即可。

杭椒小炒肉

材料

猪瘦肉300克，杭椒150克，红椒200克，葱适量

调料

食盐4克，味精2克，淀粉、老抽、花生油、蚝油各适量

做法

① 猪瘦肉洗净，切片，用淀粉、老抽、蚝油拌匀腌渍；杭椒、红椒、葱洗净切段。

② 油锅烧热，放入瘦肉炒散，至八分熟后起锅，放入葱、杭椒、红椒入锅翻炒片刻。

③ 放瘦肉入锅同炒至肉片全熟，加入食盐、味精调味，起锅装盘即可。

尖椒炒肉

材料

猪瘦肉300克，尖椒200克，红椒150克

调料

食盐4克，味精3克，花生油、水淀粉、老抽、红油各适量

做法

① 猪瘦肉洗净，切片，加入食盐、老抽和水淀粉拌匀腌渍；尖椒、红椒洗净，切段。

② 油锅烧热，入瘦肉炒散，至八成熟后捞起；用剩余的油爆炒尖椒和红椒片刻。

③ 放肉片入锅内与尖椒、红椒同炒，加入食盐和味精、香油调味，起锅装盘即可。

小炒剔骨肉

材料

猪排骨500克，红椒50克，蒜苗、姜各适量

调料

食盐、鸡精各3克，花生油、生抽各适量

做法

1. 猪排骨洗净，汆水后放入开水中煮熟，捞出，剔去骨头，留肉待用；红椒去蒂，洗净，斜切圈；蒜苗洗净，切段；姜去皮洗净，切片。

2. 热锅注油，下入剔骨肉煸炒至八成熟，下入姜片、红椒、蒜苗炒熟。

3. 调入食盐、鸡精、生抽炒匀即可。

榄菜炒肉末

材料

猪肉300克，橄榄菜300克，红辣椒适量

调料

食盐4克，味精2克，老抽、花生油、豆豉各适量

做法

1. 猪肉洗净，切成末；橄榄菜洗净，切碎；红辣椒洗净，切圈。

2. 油锅烧热，放肉末入锅内翻炒至变色，放入老抽调味。

3. 将橄榄菜、豆豉、红辣椒入锅同炒，放入食盐和味精调味，起锅装盘即可。

酸豆角炒肉丝

材料

猪瘦肉350克，酸豆角200克，红辣椒、葱各适量

原料

食盐3克，味精2克，淀粉10克、花生油、老抽、红油各适量

做法

1. 猪瘦肉洗净，切丝，用淀粉、老抽腌渍；酸豆角洗净，切粒；红辣椒洗净，切圈；葱洗净，切段。

2. 油锅烧热，入肉丝炒至八分熟，将酸豆角、红辣椒、葱放入锅内翻炒，放入食盐、味精和红油调味，起锅装盘即可。

蟹味菇炒里脊肉

材料

猪里脊肉300克，蟹味菇100克，青椒、红椒、姜各适量

调料

食盐3克，鸡精2克，花生油、生抽各适量

做法

1. 将猪里脊肉洗净，切片；青椒、红椒均去蒂，洗净，切片；姜去皮，洗净，切片；蟹味菇泡发洗净备用。

2. 锅中注油烧热，放入肉片翻炒至变色，再放入蟹味菇、青椒、红椒、姜同炒。

3. 炒至熟后，加入食盐、鸡精、生抽调味即可。

香辣肉丝

材料

猪肉300克，香菜200克，青椒、红椒各20克，干辣椒15克

调料

食盐3克，花生油、料酒、生抽各适量

做法

1. 猪肉洗净，切丝，用料酒、生抽腌渍入味；香菜洗净，切段；青椒、红椒洗净，切条；干辣椒洗净。
2. 锅倒油烧热，倒入肉丝滑炒至肉变白，加入干辣椒、青椒条、红椒条大火翻炒3分钟后，加入香菜段翻炒1分钟，加入食盐调味，出锅即可。

家常小炒肉丝

材料

五花肉500克，茶树菇、西芹、尖椒、红辣椒各适量

调料

食盐3克，味精2克，花生油、老抽、蚝油、红油、蒜末各适量

做法

1. 五花肉洗净，切丝；茶树菇洗净，用开水焯烫；西芹、尖椒、红辣椒均洗净，切段。
2. 油锅烧热，五花肉入锅煎炒至变色后盛起；放蒜末、西芹、尖椒、红辣椒和茶树菇翻炒，再入五花肉同炒，加剩余调料翻炒片刻，起锅装盘即可。

山西小炒肉

材料

猪瘦肉500克，冬瓜300克，蒜薹300克，黑木耳100克，姜片适量

调料

食盐3克，味精2克，花生油10毫升，淀粉10克，老抽、蚝油、料酒各适量

做法

1. 猪瘦肉洗净，切片，用淀粉、老抽、蚝油腌渍；冬瓜洗净，切片；蒜薹洗净，切段；黑木耳泡发洗净，焯熟摘小朵。

2. 油锅烧热，入肉片炒至八分熟盛起，放入姜片、冬瓜、蒜薹、黑木耳入锅翻炒，加入食盐和味精调味，最后将肉片入锅同炒，加料酒调味，起锅装盘即可。

湘坛小炒肉

材料

五花肉500克，蒜苗80克，葱50克，红辣椒200克

调料

食盐5克，味精3克，花生油、辣椒酱、老抽、料酒各适量

做法

1. 五花肉洗净，切片；蒜苗、葱洗净，切段；红辣椒洗净，切圈。

2. 油锅烧热，放五花肉入锅翻炒至变色，加入蒜苗、葱和红辣椒，用大火快炒。

3. 加入食盐、味精、辣椒酱、老抽和料酒调味，起锅装盘即可。

农家风味小炒肉

材料

五花肉500克，青椒100克，红椒200克，姜片适量

调料

食盐4克，味精2克，花生油、老抽、红油各适量

做法

① 五花肉洗净，切片；青椒、红椒均去蒂洗净，切片。

② 干锅置于火上，注花生油烧至五成热，入姜片爆香，再下入五花肉翻炒出油，加食盐、味精、老抽、红油炒入味，入青椒、红椒炒熟装盘即可。

土家小炒肉

材料

五花肉300克，酸菜200克

调料

辣椒酱3克，食盐2克，白糖1克，花生油适量

做法

① 五花肉洗净切片；酸菜洗净切碎。

② 锅中注油烧热，下入五花肉炒至变色，加入酸菜炒熟。

③ 下入调料炒匀，倒入少许水，焖煮约5分钟即可出锅。

川式小炒肉

材料

猪肉400克，青椒适量，红椒少许

调料

食盐3克，味精1克，老抽15毫升，料酒10毫升，花生油适量

做法

① 猪肉洗净，切片；青椒、红椒洗净，切圈。

② 锅内注油烧热，放入肉片炒至快熟时，调入食盐、老抽、料酒，再放入红椒、青椒一起翻炒。

③ 汤汁收干时入味精调味，起锅装盘即可。

肉末蒜薹腊八豆

材料

猪肉300克，蒜薹300克，腊八豆200克，红辣椒适量

调料

食盐5克，味精2克，老抽、花生油、蚝油、香油各适量

做法

❶ 猪肉洗净，切末；蒜薹洗净，切小段；腊八豆洗净，用沸水焯熟；红辣椒洗净，切片。

❷ 油锅烧热，放肉末入锅内翻炒至变色，放蒜薹和腊八豆同炒。

❸ 加所有调料翻炒，起锅装盘即可。

白辣椒小炒肉

材料

五花肉300克，白辣椒100克，干红椒50克

调料

老抽3毫升，食盐2克，花生油适量

做法

❶ 五花肉洗净切片；白辣椒、干红椒分别洗净切段。

❷ 油锅烧热，下入五花肉炒熟，加老抽炒至上色后出锅。

❸ 锅中倒入白辣椒和干红椒炒香，下入肉片炒熟，再加入食盐炒至入味即可。

蒜苗腊八豆肉末

材料

腊八豆300克，蒜苗200克，猪瘦肉200克

调料

食盐2克，味精2克，辣椒酱、花生油各适量

做法

❶ 蒜苗洗净，切段备用；猪瘦肉洗净，切末。

❷ 油锅烧热，放入肉末、腊八豆爆炒，加入食盐和味精调味。

❸ 将蒜苗放入锅内同炒，加辣椒酱炒匀，起锅装盘即可。

红三剁

材料

西红柿、青椒、猪肉各80克

调料

料酒10毫升，食盐、鸡精各3克，姜粉、花生油各适量

做法

1. 猪肉洗净，切片后剁碎，加入姜粉拌匀；西红柿洗净，剁碎；青椒洗净，去籽后剁碎。
2. 锅内注油，放入西红柿和青椒，再将肉末平铺在菜上，盖上锅盖，待锅边冒出蒸汽后，开盖翻炒片刻，调入料酒、食盐、鸡精，出锅即可。

灰三剁

材料

猪肉200克，皮蛋100克，青椒80克，葱段15克

调料

食盐、鸡精各3克，料酒、老抽各10毫升，花生油适量

做法

1. 猪肉洗净，切片后剁碎；皮蛋去壳，剁碎粒；青椒洗净，去籽和蒂，切碎丁。
2. 油锅烧热，放入猪肉、青椒和皮蛋同炒5分钟。
3. 下入葱段拌炒，调入食盐、鸡精、料酒和老抽，炒匀即可。

白三剁

材料

猪瘦肉500克，尖椒400克

调料

食盐5克，味精3克，蒜末、老抽、花生油、香油各适量

做法

① 猪瘦肉洗净，剁成末，与蒜末拌匀；尖椒洗净，剁成末。

② 油锅烧热，肉末入锅翻炒至变色，加入尖椒同炒。

③ 放入食盐、老抽、味精和香油调味，起锅装盘即可。

创新三剁

材料

茄子300克，西芹300克，豆腐300克，猪肉200克，葱段适量

调料

食盐5克，味精2克，花生油、干红辣椒各适量

做法

① 茄子洗净，去皮切丁；西芹洗净，切丁；豆腐切小块；猪肉洗净切末。

② 油锅烧热，将茄子和豆腐先后放入锅中炸至变色，盛起放入盘中。

③ 锅中留油炒肉末和西芹，再入炸好的茄子和豆腐同炒。

④ 放入食盐、味精、干红辣椒和葱段调味，起锅装盘即可。

香酥出缸肉

材料

五花肉500克，干辣椒50克，姜片、葱段各适量

调料

花生油、芝麻、花生、食盐各适量

做法

1. 五花肉洗净，用食盐抹匀，晾晒3天后蒸20分钟，晾冷放入撒有食盐的缸中密封腌渍1周，即可出缸洗净切片。
2. 起油锅，放入姜片、干辣椒、五花肉翻炒，再放入芝麻、花生、葱段炒香，加入食盐即可。

榄菜肉末炒小瓜

材料

橄榄菜100克，猪瘦肉50克，小瓜300克

调料

食盐4克，鸡精2克，花生油适量

做法

1. 橄榄菜洗净，剁成末；猪瘦肉洗净，剁成肉末；小瓜去皮洗净，切片。
2. 炒锅注油烧热，放入肉末稍炒，装盘备用；锅再注油烧热，放入小瓜片爆炒，再放入橄榄菜和肉末一起翻炒均匀，加食盐和鸡精调味，起锅装盘即可。

酸菜笋炒肉末

材料

猪肉250克，笋250克，酸菜300克，红辣椒适量

调料

食盐3克，味精2克，老抽、花生油各适量

做法

① 猪肉洗净，切末；笋用沸水焯烫，切小段；酸菜洗净备用。

② 油锅烧热，下入肉末翻炒，加老抽翻炒至变色，放入笋、酸菜、红辣椒用大火翻炒。

③ 加入食盐和味精调味，起锅装盘即可。

肉末黑酸菜炒粉丝

材料

猪肉80克，黑酸菜、粉丝各适量

调料

食盐、味精各4克，花生油、辣椒油、生抽各适量

做法

① 猪肉洗净，剁成碎末；黑酸菜洗净，切碎；粉丝用水泡发，洗净。

② 油锅烧热，入辣椒油、猪肉炒香，放黑酸菜、粉丝和少量水煮3分钟。

③ 加入食盐、味精、生抽调味，盛盘即可。

老家小炒肉

材料

猪肉400克，蒜、干辣椒、生姜各适量

调料

食盐3克，老抽10毫升，花生油适量

做法

1. 猪肉洗净，切片备用；蒜洗净，切片；干辣椒洗净，切段；姜去皮，切片。

2. 炒锅内注油，用旺火烧热后，加入干辣椒、生姜爆炒，放入肉片拌炒至肉片表面呈金黄色时，再放入切好的蒜片稍翻炒，出锅时加入食盐、老抽调味即可。

肉末青豆

材料

猪肉200克，青豆300克，尖椒50克，红椒50克

调料

食盐4克，味精3克，蚝油、老抽、花生油、红油各适量

做法

1. 猪肉洗净，切末；青豆洗净，用沸水焯熟；尖椒、红椒洗净切圈。

2. 油锅烧热，放肉末翻炒，加入食盐、味精、蚝油、老抽、尖椒、红椒、红油调味，加水调成肉汁。

3. 将焯熟的青豆放入盘中，把煮好的肉汁淋在青豆上即可。

香辣豌豆炒肉

材料

猪瘦肉200克，豌豆300克，干红辣椒适量

调料

食盐3克，味精2克，花生油、老抽、淀粉各适量

做法

❶ 瘦肉洗净，切丁，加入淀粉、老抽拌匀腌渍；豌豆放入沸水中焯烫，捞起沥干待用。

❷ 油锅烧热，放肉丁、干红辣椒入锅内爆炒，然后将焯熟的豌豆放入锅内同炒。

❸ 加入食盐、味精、老抽调味，起锅装盘即可。

豌豆炒肉丁

材料

猪肉250克，豌豆300克

调料

食盐3克，味精2克，淀粉10克，老抽、花生油、蚝油各适量

做法

❶ 瘦肉洗净，切丁，加淀粉、老抽拌匀腌渍；豌豆放在沸水中焯烫，沥干备用。

❷ 油锅烧热，放肉丁入锅内爆炒，后将焯熟的豌豆放入锅里同炒，起锅装盘。

❸ 在锅里放少许水，放入食盐、味精、老抽、蚝油，加淀粉勾芡调成汁，淋在豌豆和肉上稍炒即可。

黄豆炒肉丁

材料

猪肉200克，黄豆、干黄瓜、胡萝卜、熟芝麻各适量

调料

食盐5克，味精2克，淀粉10克，老抽、料酒、花生油、香油各适量

做法

① 猪肉洗净，切丁，加老抽和淀粉拌匀腌渍；黄豆和胡萝卜洗净，胡萝卜切小块后一起放入沸水中焯烫。

② 油锅烧热，放腌好的肉丁入锅内爆炒，把干黄瓜和焯熟的黄豆、胡萝卜放入锅内同炒。

③ 放入食盐、味精、料酒和香油调味，起锅装盘，撒上熟芝麻即可。

土豆小炒肉

材料

土豆250克，猪肉100克，青椒、红椒各10克

调料

食盐、味精各4克，水淀粉10克，老抽15毫升，花生油适量

做法

① 土豆洗净，去皮，切小块；青椒、红椒洗净，切菱形片。

② 猪肉洗净，切片，加入食盐、水淀粉、老抽拌匀备用。

③ 油锅烧热，入青椒、红椒炒香，放肉片煸炒至变色，放入土豆块炒熟，入老抽、食盐、味精调味。

白菜梗青豆炒肉片

材料

猪肉300克，白菜梗、青豆各200克，红辣椒适量

调料

食盐4克，味精2克，淀粉10克，老抽、花生油、香油各适量

做法

1 猪肉洗净，切片，用老抽、淀粉拌匀腌渍；青豆用沸水焯烫；红辣椒、白菜梗洗净，切段。

2 油锅烧热，将腌好的肉片放入锅里爆炒，放青豆和白菜梗入锅内翻炒。

3 加入食盐、味精和红辣椒同炒，滴入香油，起锅装盘即可。

豆嘴炒肉末

材料

猪瘦肉、豆嘴各300克，韭菜200克，干辣椒15克

调料

淀粉6克，生抽、料酒各5毫升，食盐3克，鸡精1克，花生油适量

做法

1 猪瘦肉洗净，剁成末，用生抽、花生油、淀粉拌匀；豆嘴洗净；韭菜洗净，切段。

2 净锅倒油烧热，放入干辣椒炒香后，倒入肉末略炒，再加入豆嘴，烹入料酒炒匀，最后倒入韭菜段翻炒至熟。

3 加入食盐、鸡精炒至入味，起锅即可。

炒三丁

材料

猪肉300克，冬瓜300克，胡萝卜300克

调料

食盐5克，味精2克，老抽、花生油、蚝油、香油、淀粉各适量

做法

1. 猪肉洗净，切丁，用淀粉、老抽、蚝油拌匀；冬瓜和胡萝卜洗净，切丁。
2. 净锅注油烧热，下肉丁快炒至变色，盛起；下入冬瓜和胡萝卜翻炒，加老抽和蚝油翻炒。
3. 待冬瓜和胡萝卜炒熟后将肉丁再放入锅内翻炒，加入食盐，淋上香油，调入味精后起锅装盘即可。

大头菜炒肉丁

材料

大头菜200克，猪肉150克，青椒、红椒适量

调料

味精、食盐各3克，老抽10毫升，花生油适量

做法

1. 大头菜洗净去皮，切成丁；青椒洗净，切圈；红椒洗净，切片；猪肉洗净，切丁，放入味精、老抽腌15分钟。
2. 锅置火上，注油，烧至六成热，下入肉丁炒香，放入大头菜、青椒、红椒翻炒均匀。
3. 加入食盐、味精、老抽调味，翻炒均匀，出锅盛盘即可。

粒粒三丁

材料

五花肉300克，黄瓜300克，土豆300克，红辣椒适量

调料

食盐3克，味精2克，老抽、花生油、红油各适量

做法

❶ 五花肉、黄瓜、土豆洗净，均切丁备用；红辣椒洗净，切丁。

❷ 油锅烧热，下肉丁入锅翻炒，至变色后盛起；用剩余的油翻炒土豆和黄瓜，加入食盐、味精和红辣椒调味。

❸ 待黄瓜和土豆炒熟后下肉丁同炒，加老抽和红油调味，起锅装盘即可。

黄豆肉末炒雪里蕻

材料

雪里蕻200克，猪肉100克，黄豆50克，干辣椒10克

调料

食盐3克，老抽少许，花生油适量

做法

❶ 雪里蕻洗净，切碎；猪肉洗净，剁成末；黄豆泡发；干辣椒洗净，切段。

❷ 锅中注油烧热，下入肉末炒至发白，加入老抽炒熟后，盛出。

❸ 原锅加油烧热，下入干辣椒段爆香后，再下入黄豆、雪里蕻翻炒至熟，加肉末炒匀，加入食盐调味即可。

红薯粉炒肉末

材料

猪肉300克，红薯粉350克，红辣椒、葱花各适量

调料

食盐5克，味精2克，花生油、老抽、香油、红油各适量

做法

1. 猪肉洗净，切末；红薯粉用沸水焯烫；红辣椒洗净，切粒。
2. 油锅烧热，下肉末炒散，加老抽、红辣椒和红油翻炒，将烫熟的红薯粉放入锅内同炒。
3. 加入食盐、味精和老抽调味，最后淋入香油，撒上葱花，装盘即可。

萝卜干炒肉末

材料

猪肉300克，萝卜干300克，蒜苗、红辣椒各适量

调料

食盐3克，味精2克，花生油、红油各适量

做法

1. 猪肉洗净，切末；萝卜干洗净，切碎；蒜苗洗净，切段；红辣椒洗净，切圈。
2. 油锅烧热，下肉末炒散，加入食盐和味精炒至变色。
3. 放入萝卜干、蒜苗和红辣椒同炒，淋上红油起锅装盘即可。

肉末炒粉条

材料

猪瘦肉550克，粉条200克，葱15克

调料

辣椒酱15克，食盐2克，淀粉6克，生抽、老抽各5毫升，花生油适量

做法

① 猪瘦肉洗净，剁成末，用生抽、淀粉、花生油拌匀；粉条泡发，洗净；葱洗净，切碎。

② 锅加水烧开，倒入粉条煮至熟，过冷水冲洗后，捞出沥干水分。

③ 净锅注油烧热，下入肉末炒至熟后，加入老抽、粉条，调入食盐快速翻炒，然后倒入辣椒酱翻炒均匀起锅，撒上葱花即可。

酱肉炒粉条

材料

五花肉300克，粉条400克，红辣椒、蒜苗各适量

调料

食盐5克，味精3克，花生油、豆瓣酱、老抽、蚝油各适量

做法

① 五花肉洗净，切片；粉条入沸水中焯熟；红辣椒洗净，切片；蒜苗洗净，切段。

② 油烧热，下入肉片，加入食盐、豆瓣酱、老抽、蚝油翻炒至变色，盛起。

③ 蒜苗、粉条、红辣椒入锅炒香，调入少许食盐，再倒入做好的酱肉翻炒至熟，调入味精即可装盘。

肉末炒黑木耳

材料

猪瘦肉300克，黑木耳350克，胡萝卜200克，蒜苗段15克

调料

老抽、生抽各5毫升，食盐3克，味精1克，淀粉6克，花生油适量

做法

1. 猪瘦肉洗净，剁成末，用生抽、花生油、淀粉拌匀；黑木耳泡发洗净，撕成片，焯烫后捞出；胡萝卜去皮，洗净，切成长方块。
2. 净锅注油烧热，下入肉末、黑木耳、胡萝卜翻炒。
3. 加入老抽、食盐、味精，撒入蒜苗炒匀即可。

莴笋木耳肉片

材料

猪肉250克，莴笋、黑木耳各150克，干辣椒10克

调料

食盐3克，鸡精2克，花生油、老抽、陈醋各适量

做法

1. 猪肉洗净，切片；莴笋去皮洗净，切片；黑木耳洗净，撕成小块；干辣椒洗净，切段。
2. 锅中注油烧热，入干辣椒爆香，下入猪肉炒至变色，加入莴笋、黑木耳炒熟。
3. 加入食盐、鸡精、老抽、陈醋调味，稍微加点水焖一会儿，装盘即可。

荷包蛋炒肉片

材料

鸡蛋3个，猪瘦肉200克，红椒、青椒各20克，豆豉20克，蒜15克

调料

食盐3克，花生油、生抽适量

做法

1. 猪瘦肉洗净，切片；青椒、红椒洗净，切圈；蒜去皮洗净，切末。
2. 净锅烧热，刷上少许油，磕入鸡蛋煎成荷包蛋，盛起，切块。
3. 净锅注油烧热，入豆豉、蒜末爆香，放入肉片略炒，再放入荷包蛋块一起炒，加入食盐、生抽调味，待熟，装盘即可。

蒜苗木耳炒肉片

材料

五花肉200克，黑木耳100克，红椒20克，姜、蒜各5克，蒜苗10克

调料

食盐3克，老抽、陈醋、花生油、水淀粉各适量

做法

1. 五花肉洗净，切片；黑木耳泡发洗净，切块；红椒去蒂洗净，切段；姜、蒜均去皮洗净，切末；蒜苗洗净，切段。
2. 油锅烧热，下肉片炒至变色后盛起。
3. 锅中倒入黑木耳、红椒、蒜苗、姜、蒜炒香，再倒入肉片，加入食盐、老抽、陈醋调味，炒熟后用水淀粉勾芡即可。

芥蓝木耳炒肉

材料

猪肉250克，芥蓝、黑木耳各150克

调料

食盐4克，味精2克，花生油适量

做法

❶ 猪肉洗净，切片；芥蓝洗净，去皮，切片；黑木耳用水泡发，洗净备用。

❷ 油锅烧热，放入肉片，加食盐翻炒，加入黑木耳炒匀。

❸ 炒至八成熟时，放入芥蓝炒匀，出锅前加味精炒匀，装盘即可。

木耳炒肉

材料

黑木耳150克，红椒、青椒各50克，猪肉250克

调料

食盐3克，老抽、花生油各适量

做法

❶ 水发木耳洗净，撕小朵；红椒、青椒洗净，切块；猪肉洗净，切片。

❷ 净锅注油烧热，放入红椒块、青椒块爆香，再下入木耳、猪肉片翻炒。

❷ 最后调入食盐、老抽，炒匀即可。

白菜梗小炒肉

材料

猪肉500克，白菜梗80克，红椒50克，蒜苗10克

调料

食盐4克，老抽8毫升，花生油适量

做法

❶ 猪肉洗净，切片；白菜梗洗净，撕成条；红椒洗净，切圈；蒜苗洗净，切段。

❷ 油锅烧热，放入猪肉，加入食盐、老抽炒至七成熟，加入白菜梗和红椒炒匀。

❸ 出锅前加入蒜苗炒匀即可。

滑子菇炒肉片

材料

滑子菇300克，猪肉、黄瓜各100克

调料

食盐2克，蚝油3毫升，花生油适量

做法

① 滑子菇洗净；猪肉洗净切片；黄瓜洗净切片。

② 锅中注油烧热，下入猪肉炒至变色，加入黄瓜和滑子菇炒熟。

③ 调入食盐和蚝油调味即可。

酸菜猪肉炒粉丝

材料

猪肉、酸菜各100克，粉丝200克，葱段、干辣椒各适量

调料

食盐3克，鸡精1克，生抽、花生油各适量

做法

① 将猪肉、酸菜洗净，切丝；粉丝泡发，洗净；干辣椒洗净，切段。

② 热锅注油，下入猪肉丝、酸菜翻炒至六成熟，再下入粉丝、干辣椒段同炒至熟，调入食盐、鸡精、生抽、葱段翻炒均匀即可。

红椒木耳小炒肉

材料

猪肉400克，黑木耳200克，红椒10克

调料

食盐3克，鸡精2克，老抽、花生油各适量

做法

① 猪肉洗净，切片；黑木耳泡发洗净，切成小块；红椒去蒂洗净，切片。

② 油烧热，下入肉片炒至变色后放入黑木耳和红椒，加入食盐翻炒。

③ 炒熟后淋入老抽，放入鸡精调味即可。

滑子菇炒肉丝

材料

猪肉200克，滑子菇200克

调料

食盐3克，鸡精2克，水淀粉、花生油适量

做法

① 猪肉洗净，切丝；滑子菇洗净备用。

② 净锅注油烧热，放入猪肉炒至肉色变白，再放入滑子菇一起炒，加入食盐、鸡精炒至入味。

③ 待熟用水淀粉勾芡，装盘即可。

香菇肉丝炒韭薹

材料

猪肉300克，香菇100克，韭苔200克，红椒50克

调料

食盐3克，鸡精2克，花生油、老抽、陈醋各适量

做法

① 猪肉洗净，切丝；香菇泡发洗净，切丝；韭苔洗净，切段；红椒去蒂洗净，切丝。

② 油烧热，下肉丝略炒盛起；锅里下入香菇、韭苔、红椒炒香，再放入肉丝，炒熟后加入食盐、鸡精、老抽、陈醋调味即可。

西芹南瓜炒肉

材料

西芹、南瓜、五花肉各200克

调料

食盐3克，白糖2克，老抽4毫升，花生油适量

做法

① 西芹洗净切段；南瓜去皮，洗净切块；五花肉洗净切条。

② 锅中注油烧热，下入白糖，加入五花肉炒上色，加入老抽炒匀。

③ 倒入西芹段和南瓜块一同炒熟，调入食盐调味即可。

鸡腿菇黄瓜炒肉

材料

猪肉200克，鸡腿菇120克，黄瓜、胡萝卜各50克

调料

食盐3克，鸡精2克，花生油适量

做法

1 猪肉洗净，切片；鸡腿菇洗净，切片；黄瓜、胡萝卜均洗净，切片。

2 热锅注油，入肉片炒至断生，再放入鸡腿菇、黄瓜、胡萝卜一起翻炒，加入食盐、鸡精调味，炒熟装盘即可。

姬菇炒肉片

材料

猪肉300克，姬菇150克，红椒50克

调料

食盐3克，花生油适量

做法

1 猪肉洗净，切丝；姬菇洗净备用；红椒去蒂洗净，切丝。

2 油烧热，放入肉丝炒至变色后盛起。

3 净锅注油烧热，放入姬菇、红椒煸炒，再倒入肉丝，调入食盐，炒至熟装盘即可。

肉末炒姬菇

材料

猪肉200克，姬菇250克，青椒、红椒各50克

调料

食盐3克，老抽、花生油、水淀粉各适量

做法

1 猪肉洗净，切末；姬菇洗净备用；青椒、红椒均去蒂洗净，切条。

2 热锅下油，放入肉末略炒，再放入姬菇、青椒、红椒一起翻炒，加入食盐、老抽调味，待熟用水淀粉勾芡，稍微焖一会儿，装盘即可。

红椒滑子菇炒肉丝

材料

红椒5克，猪肉150克，滑子菇200克，蛋清适量，大葱10克

调料

食盐3克，味精2克，淀粉5克，花生油适量

做法

1. 猪肉洗净，切成细丝，用蛋清、淀粉拌匀；滑子菇洗净；大葱、红椒均洗净切丝。
2. 锅中注油烧热，下入肉丝滑炒至肉色发白时，捞出。
3. 原锅烧热，爆香葱丝、红椒丝，再下入滑子菇炒2分钟，下入炒好的肉丝及食盐、味精，翻炒均匀即可。

滑子菇土豆肉丝

材料

猪肉200克，滑子菇150克，土豆200克，葱5克

调料

食盐3克，鸡精2克，水淀粉、花生油各适量

做法

1. 猪肉洗净，切丝；滑子菇洗净备用；土豆去皮洗净，切丝；葱洗净，切段。
2. 净锅注油烧热，放入猪肉炒至肉色变白，再放入滑子菇、土豆一起炒，加入食盐、鸡精炒至入味。
3. 待熟放入葱段略炒，用水淀粉勾芡，装盘即可。

五花肉炒口蘑

材料

口蘑200克，五花肉150克，红辣椒适量，姜、香菜各少许

调料

食盐2克，味精1克，老抽15毫升，料酒10毫升，姜、香菜各少许，花生油适量

做法

❶ 五花肉洗净，切片；口蘑洗净，切片，焯烫后，晾干；红辣椒洗净，切段；姜洗净，切片；香菜洗净，切段。

❷ 油锅烧热，下姜片炒香，入肉片炒至金黄色，加食盐、老抽、料酒、红辣椒、口蘑一起翻炒至汤汁收干，放香菜略炒后，调入味精，起锅装盘即可。

黄菇炒肉片

材料

猪肉250克，黄菇200克，青椒、红椒各适量

调料

食盐、味精、料酒、老抽、花生油、水淀粉各适量

做法

❶ 黄菇洗净，切块；猪肉洗净，切片；青、红椒均洗净，切段。

❷ 油锅烧热，入青椒、红椒炒香，加入黄菇、肉片同炒至熟。

❸ 调入食盐、味精、料酒、老抽炒匀，以水淀粉勾芡，起锅装盘即可。

松蘑肉丝

材料

猪肉300克，松蘑200克，蒜5克，蒜苗10克

调料

食盐3克，鸡精2克，花生油、老抽、陈醋、水淀粉各适量

做法

① 猪肉洗净，切丝；松蘑洗净备用；蒜去皮洗净，切片；蒜苗洗净，切段。

② 净锅注油烧热，入蒜片炒香，放入肉丝略炒，再放入松蘑翻炒片刻，加食盐、鸡精、老抽、陈醋调味。

③ 快熟时，放入蒜苗炒香，用水淀粉勾芡，装盘即可。

乡村小炒口蘑

材料

猪肉200克，口蘑250克，青椒、红椒各50克，姜5克

调料

食盐3克，鸡精2克，老抽、花生油、水淀粉各适量

做法

① 猪肉洗净，切小块；口蘑洗净，切片；青椒、红椒均去蒂洗净，切圈；姜去皮洗净，切末。

② 热锅入油，入姜爆香后，放入猪肉略炒，再放入口蘑、青椒、红椒一起炒，加食盐、鸡精、老抽炒至入味，待熟用水淀粉勾芡，汤汁收干后装盘即可。

肉片炒榛蘑

材料

猪肉300克，榛蘑200克，香菜少许

调料

食盐3克，鸡精2克，老抽、花生油各适量

做法

① 猪肉洗净，切片；榛蘑泡发洗净备用；香菜洗净，切段备用。

② 净锅入水烧开，放入榛蘑焯水后，捞出沥干备用。

② 起油锅，放入猪肉略炒，再放入榛蘑一起炒，加入食盐、鸡精、老抽炒至入味，炒熟装盘，撒上香菜即可。

肉片炒杂菇

材料

水发黑木耳、口蘑、袖珍菇、茶树菇各50克，猪肉200克，青椒、红椒各适量

调料

食盐3克，花生油、鸡精、生抽各适量

做法

① 猪肉洗净，切片；水发黑木耳、口蘑、袖珍菇、茶树菇洗净，切片；青椒、红椒洗净，切片。

② 热锅下油，下入黑木耳、口蘑、袖珍菇、茶树菇翻炒至六成熟，再下入青椒、红椒同炒至熟，调入食盐、鸡精、生抽翻炒均匀即可。

五花肉炒榛蘑

材料

五花肉200克，榛蘑350克，红椒适量

调料

食盐、味精各3克，花生油、香油各适量

做法

1. 五花肉洗净，切片；榛蘑洗净；红椒洗净，切菱形片。
2. 油锅烧热，下五花肉煸炒，再入榛蘑、红椒同炒5分钟。
3. 调入食盐、味精炒匀，淋入香油即可。

茶树菇炒肉

材料

猪肉250克，干茶树菇150克，红椒20克，葱10克

调料

食盐3克，鸡精2克，花生油适量

做法

1. 猪肉洗净，切片；干茶树菇泡发洗净备用；红椒去蒂洗净，切片；葱洗净，切段。
2. 干茶树菇焯水后，捞出沥干备用。
3. 净锅注油，放入肉片略炒片刻，再放入茶树菇、红椒，加入食盐、鸡精调味，待熟，放入葱段略炒，装盘即可。

野山菌炒猪肉

材料

猪肉、野山菌各200克，蒜薹50克，红椒丝适量

调料

食盐3克，鸡精2克，花生油适量

做法

1. 猪肉洗净，切片，放炭火上烤至八成熟，待用；野山菌洗净，切段；蒜薹洗净切段。
2. 热锅注油，爆香红椒丝，下入野山菌翻炒至八成熟，再下入烤肉片、蒜薹段同炒至熟，调入食盐、鸡精翻炒均匀即可。

酱肉炒菱角米

材料

尖椒150克，酱肉200克，菱角米200克，红椒适量

调料

食盐、花生油、味精、香油、淀粉各适量

做法

1. 尖椒洗净，去蒂；酱肉洗净，切片；菱角米入锅煮熟，捞出备用。

2. 油烧热，下入酱肉爆香后，再加入尖椒炒至八成熟，下入菱角米。待所有材料炒熟后，加入调料调味，以淀粉勾芡即可。

肉丝炒芦蒿

材料

猪肉200克，芦蒿150克

调料

食盐3克，鸡精2克，老抽、花生油各适量

做法

1. 猪肉洗净，切丝；芦蒿洗净，切段。

2. 起油锅，放入猪肉滑炒片刻，再放入芦蒿翻炒，加入食盐、鸡精、老抽调味，炒至断生，装盘即可。

野山菌炒肉丝

材料

猪肉、野山菌各250克

调料

食盐3克，鸡精2克，红油、花生油各适量

做法

1. 猪肉洗净，切丝；野山菌洗净，切段。

2. 热锅注油，下入猪肉丝、红油翻炒至五成熟，再下入野山菌段同炒至熟，加入食盐、鸡精调味出锅即可。

芹菜炒肉丝

材料

猪肉200克，芹菜250克，蒜3克

调料

食盐3克，鸡精2克，老抽、水淀粉、花生油、各适量

做法

1. 猪肉洗净，切丝；芹菜洗净，切段；蒜去皮洗净，切末。
2. 净锅注油烧热，入蒜末爆香，放入芹菜炒至五成熟时，加入食盐、鸡精调味，炒至断生，装盘。
3. 另起油锅，放入猪肉略炒，加入食盐、鸡精、老抽炒匀，待熟，用水淀粉熘一下，盛在芹菜上即可。

乡村滑炒肉

材料

猪肉200克，滑子菇100克，松子仁、黑木耳、青椒、红椒各适量

调料

食盐3克，鸡精1克，花生油、生抽、水淀粉各适量

做法

1. 猪肉洗净，切片；黑木耳洗净，切片；青椒、红椒均洗净，切片；松子仁、滑子菇均洗净。
2. 热锅注油，入猪肉炒至六成熟，再入青椒、红椒、松子仁、黑木耳、滑子菇同炒至熟，调入食盐、鸡精、生抽翻炒均匀，以水淀粉勾芡即可。

肉片炒三珍

材料

猪肉150克，西蓝花、滑子菇、西芹各150克，香菇100克，红椒50克，蒜3克

调料

食盐3克，鸡精2克，老抽、陈醋、花生油、水淀粉各适量

做法

① 猪肉洗净，切片；西蓝花洗净，切朵；西芹洗净，切段；滑子菇洗净；香菇洗净，切块；红椒去蒂洗净，切片；蒜去皮洗净，切末。

② 净锅注油烧热，入蒜末爆香，放入肉片略炒，再入剩余原材料同炒，加入食盐、鸡精、老抽、陈醋调味，待熟用水淀粉勾芡，装盘即可。

山珍小酥肉

材料

猪肉200克，滑子菇200克，青椒、红椒各50克，蒜3克

调料

食盐3克，鸡精2克，老抽、鲜汤、花生油各适量

做法

① 猪肉洗净，切丁；滑子菇洗净备用；青椒、红椒均去蒂洗净，切片；蒜去皮洗净，切末。

② 起油锅，入蒜末爆香后放入猪肉略炒，再放入青椒、红椒、滑子菇炒至八成熟，倒入鲜汤，煮熟，放入食盐、老抽、鸡精拌匀盛盘即可。

金针菇木耳里脊肉

材料

猪里脊肉300克，黑木耳、金针菇各150克，红椒、葱适量

调料

食盐3克，鸡精2克，陈醋、花生油、水淀粉各适量

做法

① 猪里脊肉洗净，切条；黑木耳泡发洗净，切丝；红椒去蒂洗净，切条；金针菇洗净；葱洗净，切段。

② 锅注油烧热，放入里脊肉略炒，再放入黑木耳、红椒、金针菇一起炒，加入食盐、鸡精、陈醋调味，待熟用水淀粉勾芡，装盘即可。

家乡炒肉丝

材料

猪肉200克，芹菜、香干各150克，红椒30克

调料

食盐3克，鸡精2克，老抽、陈醋、花生油、红油各适量

做法

① 猪肉洗净，切丝；芹菜洗净，切段；香干洗净，切条；红椒去蒂洗净，切丝。

② 热锅注油，放入肉丝炒至变色，再放入芹菜、香干、红椒一起翻炒。

③ 加入食盐、鸡精、老抽、陈醋、红油调味，稍微加点水，炒熟装盘即可。

鸡腿菇韭菜炒肉丝

材料
猪肉250克，鸡腿菇100克，韭菜150克

调料
食盐3克，鸡精2克，老抽、陈醋、花生油、水淀粉各适量

做法

❶ 猪肉洗净，切丝；鸡腿菇洗净，切条；韭菜洗净，切段。

❷ 热锅注油，入肉丝炒至变色，再放鸡腿菇炒至五成熟后，放入韭菜一起炒，加入食盐、鸡精、老抽、陈醋调味，炒熟用水淀粉勾芡，装盘即可。

关东小炒

材料
猪肉200克，洋葱、豆皮、芹菜各150克，花生、酥条各适量，干红辣椒15克

调料
食盐3克，花椒5克，鸡精2克，老抽、花生油、陈醋各适量

做法

❶ 猪肉洗净，切块；洋葱洗净，切片；豆皮洗净，切条，打成结；芹菜洗净，切段；干红辣椒洗净，切段。

❷ 热锅注油，入干红辣椒、花椒、花生炒香，放入猪肉略炒，再入洋葱、豆皮、芹菜，加入食盐、鸡精、老抽、陈醋调味，待熟，入酥条略炒，装盘即可。

台湾小炒

材料

猪肉、香干各150克，芹菜100克，红椒50克，黄瓜适量

调料

食盐3克，鸡精2克，老抽、花生油各适量

做法

① 猪肉洗净，切丝；香干洗净，切条；红椒去蒂洗净，切条；芹菜洗净，切段；黄瓜洗净，切片。

② 锅中注少许油，放入猪肉，加入老抽炒至变色，下入香干、黄瓜、芹菜和红椒炒至熟。

③ 加入食盐和鸡精调味，炒匀装盘即可。

脆皮豆腐炒肉丝

材料

猪肉150克，脆皮豆腐300克，芹菜100克，红椒20克

调料

食盐3克，鸡精2克，老抽、花生油、红油各适量

做法

① 猪肉洗净，切丝；脆皮豆腐洗净，切条；芹菜洗净，切段；红椒去蒂洗净，切碎。

② 热锅注油，放入猪肉略炒，再放入脆皮豆腐、芹菜一起炒，加入食盐、红椒、鸡精、老抽和红油调味，稍微加点清水，焖一会儿，待熟，盛盘即可。

韭菜香干炒肉丝

材料

猪肉、香干各200克，韭菜150克，红椒50克

调料

食盐3克，鸡精2克，老抽、花生油各适量

做法

① 猪肉洗净，切丝，用食盐和老抽腌渍片刻；香干洗净，切条；红椒去蒂洗净，切条；韭菜洗净，切段。

② 热锅注油，放入肉丝略炒片刻，放入香干、韭菜、红椒同炒，加入鸡精调味，待熟装盘即可。

肉末韭菜炒腐竹

材料

猪瘦肉100克，韭菜250克，腐竹300克

调料

食盐3克，鸡精2克，料酒10毫升，花生油适量

做法

① 猪瘦肉洗净，剁成末，加入料酒稍腌渍；韭菜洗净，切段；腐竹泡发洗净，切段。

② 净锅注油烧热，放入猪瘦肉末煸炒，装盘待用；锅再注油烧热，放入腐竹段爆炒，再放入韭菜段、猪瘦肉末炒匀。

③ 加食盐和鸡精调味，装盘即可。

乡村小炒

材料

猪肉、豆皮各200克，芹菜100克，干红辣椒10克

调料

食盐3克，鸡精2克，花生油、老抽、陈醋各适量

做法

1. 猪肉洗净，切丝；豆皮洗净，切条；干红辣椒洗净，切段；芹菜洗净，切段。

2. 热锅注油，入干红辣椒炒香，放入猪肉和老抽略炒片刻，放入豆皮、芹菜一起炒，加入食盐、鸡精、陈醋调味，炒匀装盘即可。

肉片炒豆干

材料

猪肉200克，豆干150克，青椒、红椒各50克，蒜苗20克

调料

食盐3克，花生油、豆豉酱、老抽、陈醋各适量

做法

1. 猪肉洗净，切片；豆干洗净，切片；青椒、红椒均去蒂洗净，切片；蒜苗洗净，切段。

2. 热锅注油，放入猪肉略炒，再放入豆干、青椒、红椒一起炒，加入食盐、豆豉酱、老抽、陈醋调味，待熟，放入蒜苗略炒，装盘即可。

竹笋炒肉

材料

猪肉、竹笋各200克，青椒、红椒各50克，葱、熟白芝麻各5克

调料

食盐3克，鸡精2克，花生油、老抽、陈醋各适量

做法

1. 猪肉洗净，切片；竹笋洗净，切片，入沸水焯烫后沥干备用；青椒、红椒均去蒂洗净，切片；葱洗净，切花。
2. 起油锅，入猪肉炒散，放入竹笋同炒，加入食盐、鸡精、老抽、陈醋调味，放入青椒、红椒炒熟，撒上葱花、熟白芝麻即可。

蜀香小炒肉

材料

五花肉400克，黑木耳200克，青椒、红椒各50克，干辣椒30克

调料

食盐4克，鸡精3克，老抽10毫升，花生油适量

做法

1. 五花肉洗净，切片；黑木耳泡发，洗净，撕成小片；青椒洗净切段；红椒洗净切圈。
2. 净锅注油烧热，放入干辣椒炒香，加入五花肉爆炒至变色，再下入黑木耳、青椒、红椒同炒，调入食盐、鸡精和老抽调味，起锅装盘即可。

冬笋炒肉片

材料

冬笋100克，猪肉200克，辣椒片少许

调料

食盐3克，味精2克，老抽5克，蚝油6克，淀粉少许，花生油适量

做法

① 将冬笋去壳，洗净，切成片；猪肉洗净，切片，加入食盐和淀粉腌渍。

② 锅中注水，笋片焯去异味后，捞出沥干。

③ 锅中注油烧热，下入猪肉片炒至变白后加入笋片、辣椒片，一起炒熟，再加入食盐、味精、老抽、蚝油调味即可。

雪里蕻笋丝炒肉

材料

猪瘦肉300克，竹笋200克，雪里蕻50克，红椒30克

调料

食盐、花生油、鸡精、料酒各适量

做法

① 猪瘦肉洗净，切丝，用食盐和料酒抓匀；竹笋、红椒均洗净，切丝；雪里蕻洗净，剁碎。

② 热锅注油，下入肉丝滑炒至八成熟，装盘待用；锅中再注油烧热，放入竹笋和雪里蕻煸炒，倒入肉丝和红椒丝一起翻炒至熟，加入食盐和鸡精调味，起锅装盘即可。

干笋炒肉

材料

干笋300克，猪肉100克，干辣椒50克，青椒40克，胡萝卜30克

调料

食盐、花生油、鸡精、红油各适量

做法

1. 干笋泡发洗净，切丝；猪肉洗净，切片；干辣椒洗净，切段；青椒洗净，切丝；胡萝卜洗净，切片。
2. 热锅注油，入干辣椒爆香，入猪肉略炒，再入干笋爆炒，倒入胡萝卜片、青椒丝翻炒至熟。
3. 加入适量食盐、鸡精和红油炒匀即可。

莴笋炒肉丝

材料

莴笋300克，猪瘦肉150克，蒜蓉、红椒丝各20克

调料

食盐3克，鸡精2克，料酒10毫升

做法

1. 莴笋去皮，洗净，切丝；猪瘦肉洗净，切丝，用料酒和食盐腌渍5分钟。
2. 把莴笋、红椒放入沸水中汆烫后捞出沥干。
3. 热油锅，放入肉丝滑炒，再倒入莴笋、红椒、蒜蓉，加入食盐一起翻炒，炒至熟时调入鸡精调味即可。

牛肝菌菜心炒肉片

材料

牛肝菌100克，猪瘦肉250克，菜心适量，姜丝6克

调料

食盐4克，料酒3毫升，鸡精2克，水淀粉5克，芝麻油5毫升，花生油适量

做法

1. 将牛肝菌洗净，切成片；猪瘦肉洗净，切成片；菜心洗净，取菜梗剖开。
2. 猪肉放入碗内，加入料酒、水淀粉，用手抓匀稍腌渍。
3. 起油锅，倒入油、姜丝煸出香味，放入猪肉片炒至断生，加入食盐、牛肝菌、菜心，再调入鸡精、香油炒匀即可。

五花肉炒青椒

材料

五花肉300克，青椒250克，蒜蓉适量

调料

老抽、花生油、料酒、食盐、鸡精各适量

做法

1. 五花肉洗净，切片，加入食盐、老抽、料酒腌渍10分钟；青椒洗净，切片。
2. 热锅注油，放入蒜蓉炒香，下入五花肉煸炒，装盘待用；锅底留油，下入青椒爆炒，再倒入五花肉翻炒至熟，最后调入食盐、鸡精调味，起锅装盘即可。

尖椒肉丝

材料

猪瘦肉300克，尖椒丝70克

调料

食盐、味精各3克，料酒、老抽各10毫升，水淀粉5克，高汤少许，花生油适量

做法

❶ 猪瘦肉洗净，切丝，用老抽、料酒、食盐拌匀，然后裹上水淀粉。

❷ 用食盐、老抽、料酒、味精、淀粉、高汤配成芡汁。

❸ 油锅烧热，放肉丝炒散，下入尖椒丝同炒，烹入芡汁，翻炒均匀，起锅装盘即可。

小米椒炒五花肉

材料

五花肉400克，蒜薹150克，小米椒50克

调料

食盐4克，料酒15毫升，鸡精2克，豆豉30克，花生油适量

做法

❶ 五花肉洗净，切片，加入食盐和料酒腌渍5分钟。

❷ 炒锅注油烧热，下入五花肉煸炒至出油，装盘待用；锅底留油，放入豆豉炒香，下入蒜薹和小米椒同炒，最后倒入五花肉翻炒均匀。

❸ 调入适量食盐和鸡精炒至入味，起锅装盘即可。

葱香五花肉

材料

五花肉300克，大葱100克，红椒、蒜苗各适量

调料

红油15克，花生油、老干妈辣椒酱、食盐、鸡精各适量

做法

① 将五花肉洗净，去皮，切成薄片；大葱洗净，斜切成段；红椒洗净，切片；蒜苗洗净，切段。

② 炒锅注油烧热，下入五花肉煸炒至出油，再倒入葱段、蒜苗、红椒爆炒。

③ 加入老干妈辣椒酱、食盐、鸡精和红油翻炒均匀，起锅装盘。

鱼香肉丝

材料

猪瘦肉250克，青椒丝100克，鸡蛋1个，蒜5瓣

调料

花生油、干淀粉、老抽、高汤、料酒、香醋、食盐、白糖、鸡精、水淀粉、辣豆瓣酱各适量

做法

① 猪瘦肉洗净切丝，盛于碗中，加入食盐、料酒、鸡蛋液和淀粉调匀，蒜洗净切末。

② 把蒜末和除豆瓣酱以外的调料调成鱼香汁备用；锅内注油烧热，倒入肉丝炒散后下入青椒丝，再倒入漏勺沥油。

③ 锅内留油，倒入辣豆瓣酱煸炒，放入肉丝和青椒丝，倒入鱼香汁炒匀，起锅装盘即可。

土豆木耳肉丝

材料

猪瘦肉400克，土豆、黑木耳、红椒各适量

调料

花生油、食盐、料酒、鸡精、番茄酱、陈醋各适量

做法

1. 猪瘦肉洗净，切丝，加入食盐和料酒腌渍；土豆去皮，洗净，切丝；黑木耳泡发洗净，撕成小片；红椒洗净，切丝。
2. 热锅注油，入肉丝滑炒至八成熟，再入土豆丝、黑木耳、红椒同炒。
3. 最后加入适量食盐、鸡精、番茄酱、陈醋炒至入味即可。

香菜剁椒炒肉丝

材料

猪瘦肉400克，剁椒100克，香菜50克

调料

食盐、花生油、鸡精、料酒、香油、红油各适量

做法

1. 猪瘦肉洗净，切丝，用食盐和料酒抓匀；香菜洗净，切段。
2. 炒锅注油烧热，下入剁椒爆炒，再倒入肉丝一起翻炒至熟，倒入香菜一起炒匀。
3. 最后调入食盐、鸡精、香油、红油炒至入味，起锅装盘即可。

肉丝米线

材料

猪里脊肉150克，米线300克，青椒丝、红椒丝各30克，蒜蓉适量

调料

花生油、料酒、食盐、鸡精、番茄酱各适量

做法

1 将猪里脊肉洗净，切成丝，加料酒腌渍；米线浸泡，入沸水锅中稍煮，捞出沥干水分，装盘。

2 炒锅注油烧热，放入蒜蓉炒香，倒入肉丝滑炒至九成熟，再倒入青椒丝、红椒丝翻炒均匀。

3 最后加入食盐、鸡精、番茄酱炒匀，起锅倒在装有米线的盘中即可。

湘味肉丝

材料

猪瘦肉400克，葱丝、青椒丝、红椒丝各30克

调料

老抽、花生油、料酒、食盐、鸡精、红油各适量

做法

1 猪瘦肉洗净，切丝，加入食盐和料酒腌渍10分钟。

2 炒锅注油烧热，下入肉丝滑炒至八成熟，倒入葱丝、青椒丝、红椒丝一起翻炒至熟。

3 加入食盐、鸡精、老抽、红油翻炒至入味，起锅装盘即可。

三色小炒

材料

猪瘦肉350克，韭黄、豆腐皮、黑木耳各100克，蒜蓉、红椒丝各30克

调料

食盐、鸡精、料酒、水淀粉、花生油、香油各适量

做法

① 猪瘦肉洗净，切丝，加入食盐和料酒腌渍；韭黄洗净，切段；豆腐皮洗净，切丝；黑木耳洗净泡发，撕成小片。

② 热锅注油，入蒜蓉爆香，入瘦肉滑炒，再入韭黄、豆腐皮、黑木耳和红椒丝翻炒至熟，加少许水，调入食盐、鸡精和香油，用水淀粉勾芡，起锅装盘即可。

韭黄肉丝

材料

猪肉200克，韭黄100克，红椒适量

调料

食盐、胡椒粉、味精、花生油、生抽、料酒、老抽、水淀粉、香油各适量

做法

① 猪肉洗净，切丝，加入食盐、胡椒粉、料酒、老抽、水淀粉腌渍上浆；韭黄洗净，切段；红椒洗净切片。

② 油锅烧热，入肉丝滑熟，盛出。

③ 再热油锅，入红椒片炒香，下入韭黄略炒，放入肉丝，调入食盐、味精、生抽炒匀，淋入香油即可。

芝麻肉丝

材料

猪腿肉250克，芝麻50克，鸡蛋80克，面粉40克

调料

花生油、料酒、白糖、食盐各适量

做法

1. 猪腿肉洗净，切成肉丝，用料酒、少许食盐腌渍一会儿；芝麻用干锅小火炒香。
2. 鸡蛋打散，混合面粉调成糊，拌匀；将肉丝均匀地裹上一层糊。
3. 炒锅烧热，注入油，将肉丝下入油锅滑散；滗去油，倒入料酒、白糖调味，装盘，撒上芝麻即可。

仔姜炒肉丝

材料

猪肉150克，仔姜200克，红椒、青椒各1个，葱白10克

调料

食盐5克，料酒6毫升，陈醋5毫升，味精3克，花生油适量

做法

1. 猪肉、仔姜、青椒、红椒、葱白均洗净切丝。
2. 猪肉略用料酒、食盐腌渍片刻。
3. 油烧到八成热，下入姜丝煸香，倒入肉丝、辣椒丝、葱丝一起煸炒，放少许味精、食盐，起锅时滴入陈醋即可。

江南木须肉

材料

瘦肉200克，鸡蛋2个，韭菜、胡萝卜、黑木耳各150克

调料

食盐、鸡精、花生油、香油各适量

做法

❶ 瘦肉洗净，切丝；鸡蛋打入碗中，加入食盐拌匀，炒至七成熟待用；韭菜洗净，切段；胡萝卜洗净，切丝；黑木耳泡发洗净，撕成片。

❷ 热锅注油，入肉丝滑炒，再入韭菜、胡萝卜、黑木耳炒匀，最后倒入鸡蛋一起快炒至熟。调入食盐、鸡精调味，起锅装盘，淋入香油即可。

西红柿肉片

材料

猪瘦肉300克，豌豆15克，冬笋25克，西红柿1个

调料

食盐6克，味精3克，淀粉10克，花生油适量

做法

❶ 冬笋切成梳状片；西红柿洗净切块；豌豆洗净；猪瘦肉洗净切片，加入食盐、味精调味，再加入淀粉拌匀。

❷ 锅中油烧热，下入肉片滑散后捞出。

❸ 锅内留油，下入西红柿、冬笋、豌豆炒匀，加入食盐调味，待沸后勾芡即可。

家乡炒五花肉

材料

五花肉300克，洋葱100克，青椒、红椒各30克

调料

鸡精1克，料酒、生抽各5豪升，食盐、白糖各3克，花生油适量

做法

① 五花肉洗净切薄片；洋葱、青椒、红椒洗净切块。

② 净锅注油烧热，放入五花肉片煸炒至肉呈金黄色，烹入料酒、生抽翻炒，再倒入洋葱、青椒、红椒炒匀。

③ 加入食盐、鸡精、白糖，炒至入味即可。

榨菜肉丝

材料

猪瘦肉200克，榨菜50克，蒜薹40克，红椒适量

调料

食盐3克，味精1克，老抽15毫升，花生油适量

做法

① 猪瘦肉洗净，切丝；榨菜洗净，切丝；蒜薹洗净，切段；红椒洗净，切丝。

② 锅中注油烧热，放入肉丝翻炒至变色，再放入榨菜、蒜薹、红椒一起炒匀。

③ 再倒入老抽拌炒至熟后，加入食盐、味精拌匀调味，起锅装盘即可。

榨菜肉末老豆腐

材料

猪瘦肉200克，豆腐300克，榨菜100克，蒜蓉20克

调料

食盐、花生油、鸡精各适量

做法

❶ 将猪瘦肉洗净，切碎；豆腐洗净，切丁，入沸水中氽水，捞出沥干；榨菜洗净，切碎。

❷ 炒锅注油烧至七成热，放入蒜蓉炒香，下入肉末滑炒，倒入榨菜和豆腐翻炒至熟。

❸ 最后调入少许食盐和鸡精调味，起锅装盘即可。

宫保肉丁

材料

猪瘦肉300克，花生米100克，干辣椒10克，葱少许

调料

食盐3克，味精2克，老抽15毫升，陈醋5毫升，白糖8克，花生油适量

做法

❶ 猪瘦肉洗净，切丁；干辣椒洗净，切段；葱洗净切末。

❷ 锅中注油烧热，放入干辣椒炒香，放入肉丁煸炒至变色，再放入花生米翻炒。

❸ 倒入老抽炒至熟后，调入食盐、味精、陈醋、白糖、葱末拌匀入味，起锅装盘即可。

肉丝雪里蕻炒年糕

材料

猪肉200克，年糕300克，雪里蕻50克

调料

食盐3克，味精2克，老抽10毫升，干辣椒5克，花生油适量

做法

1. 猪肉洗净，切成丝；年糕洗净，切成薄片，入锅中煮软后，捞出；雪里蕻洗净，切末；干辣椒洗净，切段。
2. 炒锅注油烧热，放入干辣椒段爆炒，放入肉丝拌炒。加入食盐、老抽炒至肉丝呈金黄色，放入年糕片、雪里蕻末翻炒，再加入味精起锅装盘即可。

肉丝炒年糕

材料

猪肉120克，年糕150克，水发木耳、上海青各15克

调料

食盐、味精各3克，生抽10毫升，水淀粉少许，花生油适量

做法

1. 猪肉洗净，切丝，倒入食盐、味精、水淀粉腌渍半小时；年糕切片；水发木耳洗净，撕小片；上海青洗净，切段。
2. 油锅烧热，入猪肉炒熟，放入年糕、木耳、上海青炒2分钟。
3. 加入食盐、味精、生抽调味，装盘即可。

小白菜肉丝炒年糕

材料

年糕350克，猪瘦肉100克，小白菜30克

调料

食盐3克，味精2克，淀粉、花生油各适量

做法

❶ 年糕洗净，切成薄片；猪瘦肉洗净，切丝，加入淀粉、食盐腌渍；小白菜洗净，掰成小片。

❷ 净锅入水烧沸，倒入年糕片煮至回软后，捞出。

❸ 油锅烧热，下入肉丝滑炒至熟后，倒入年糕片和小白菜一起翻炒2分钟，调入食盐、味精，勾芡即可。

山野菜拌肉丝

材料

猪肉300克，山野菜150克

调料

食盐3克，鸡精2克，番茄酱、花生油各适量

做法

❶ 猪肉洗净，切丝；山野菜洗净备用。

❷ 净锅入水烧沸，放入山野菜汆熟后，捞出沥干，摆盘。

❷ 净锅注油烧热，下入猪肉炒至变色，加入食盐、鸡精、番茄酱调味，炒熟后盛在山野菜上即可。

金针菇炒三丝

材料

猪肉250克，金针菇600克，鸡蛋2个，姜丝适量

调料

花生油、清汤、食盐、料酒、淀粉、香油各适量

做法

❶ 猪肉切丝，放入碗内，加蛋清、食盐、料酒、淀粉拌匀；金针菇洗净。

❷ 锅内注油烧热，将肉丝滑熟，放入葱丝炒香后放入少许清汤调好味。

❸ 倒入金针菇炒匀，淋入香油即可。

春笋枸杞肉丝

材料

春笋200克，猪瘦肉150克，枸杞15克

调料

花生油、料酒、白糖、老抽、味精、香油、食盐各适量

做法

❶ 猪肉洗净，切丝；春笋洗净，切丝；枸杞洗净。

❷ 锅中注油烧热，放入肉丝煸炒片刻，加入笋丝，烹入料酒、白糖、老抽、食盐、味精、枸杞炒几下，淋入少许香油起锅即可。

尖椒炒削骨肉

材料

猪头肉1块，青椒碎、红椒碎、蒜苗段各10克，姜片15克

调料

食盐4克，味精2克，老抽5毫升，花生油适量

做法

❶ 猪头煮熟烂，剔骨取肉切下后，放入油锅中滑散备用。

❷ 净锅上火，注油烧热，放入青椒碎、红椒碎、姜片炒香，加入削骨肉，调入食盐、味精、老抽，放入蒜苗段，炒匀入味即可。

洋葱炒肉

材料

洋葱1个，猪瘦肉200克，生姜适量

调料

食盐6克，味精2克，淀粉、花生油各适量

做法

❶ 洋葱洗净切成角状；生姜去皮切成片。

❷ 猪瘦肉洗净切成片，用淀粉、食盐、味精腌渍入味。

❸ 锅中注油烧热，下入姜片、肉片炒至变色后，再下入洋葱炒熟，调入味即可。

大葱炒肉丝

材料

猪瘦肉300克，大葱30克，红椒丝适量

调料

老抽5毫升，食盐6克，味精3克，淀粉、花生油各适量

做法

❶ 猪瘦肉洗净切成丝，加入淀粉、食盐腌渍；大葱洗净切丝。

❷ 净锅上火，注油烧热，下入肉丝滑至变白，再下入葱丝煸炒，加入老抽、食盐、味精炒匀，起锅装盘撒上红椒丝即可。

酥夹回锅肉

材料

猪腿肉400克，青椒、红椒各1个，蒜苗50克，酥夹20克，蒜5克，姜1块

调料

郫县豆瓣20克，食盐5克，料酒5毫升，花生油适量

做法

❶ 青椒、红椒洗净切丝；蒜苗洗净切段。

❷ 猪腿肉煮熟，取出切片，再入锅爆香，加入除酥夹外的材料和调料炒匀，装入盘中。

❸ 将酥夹煎至金黄色，摆在盘边即可。

滑炒里脊丝

材料

猪里脊肉500克，木耳20克，榨菜丝10克，葱适量

调料

食盐3克，味精2克，生抽15毫升，陈醋8毫升，料酒10毫升，花生油适量

做法

1. 猪里脊肉洗净，切丝，用食盐、料酒腌渍后备用；木耳洗净，切丝；葱洗净，切段；榨菜丝稍冲洗一下，去掉咸味。

2. 炒锅注入花生油烧热，放入腌好的肉丝炒至发白后，再加入木耳丝、榨菜丝、食盐、生抽、料酒、陈醋翻炒，加入清水，煮至沸时加入味精，起锅装盘，撒上葱段即可。

肉丝炒豆芽

材料

猪肉200克，豆芽200克，青椒、红椒各50克

调料

食盐3克，鸡精2克，花生油、香油各适量

做法

1. 猪肉洗净，切丝；豆芽洗净备用；青椒、红椒均去蒂洗净，切丝。

2. 净锅入水烧沸，分别将豆芽、青椒、红椒氽熟后，捞出沥干。再将豆芽用食盐和香油拌匀，装盘。

3. 起油锅，放入肉丝略炒，加入食盐、香油、鸡精调味，炒熟盛在豆芽上，用青椒、红椒点缀即可。

冬笋里脊丝

材料

冬笋200克，猪里脊肉100克，红椒适量，葱少许

调料

食盐3克，味精2克，陈醋8毫升，生抽10毫升，花生油适量

做法

① 冬笋洗净，切丝；猪里脊肉洗净，切丝；红椒洗净，切丝；葱洗净，切段。

② 净锅注油烧热，下肉丝翻炒至快熟时，放入冬笋、红椒、葱段一起翻炒。

③ 熟后，加入食盐、陈醋、生抽、味精调味，起锅装盘即可。

百合里脊片

材料

猪里脊肉250克，黑木耳、百合、黄瓜、胡萝卜各100克，姜、蒜各5克

调料

食盐3克，鸡精2克，花生油适量

做法

① 猪里脊肉洗净，切片；黑木耳泡发洗净，切丝；百合、黄瓜、胡萝卜均洗净，切片；姜、蒜均去皮洗净，切片。

② 热锅注油，倒入姜、蒜炒香，放入肉片略炒，再放入黑木耳、百合、黄瓜、胡萝卜一起炒至五成熟时，加入食盐、鸡精调味，装盘即可。

尖椒回锅肉

材料

五花肉250克，青椒、红椒各4个，蒜苗、生姜片、蒜泥各少许

调料

豆瓣酱、甜面酱各30克，味精、花生油、生抽各适量

做法

❶ 五花肉洗净，煮至八成熟，捞起晾凉，切成薄片备用，红椒、青椒洗净切片。

❷ 油锅烧热后，倒入肉片炒成灯碗形，加入姜片、蒜泥炒香，再加入各种调料翻炒入味。

❸ 加少许料酒，放入青椒、红椒、蒜苗炒至断生，装盘即可。

西蓝花回锅肉

材料

西蓝花300克，五花肉400克，姜1块，蒜4瓣，葱2根

调料

豆瓣酱少许，食盐5克，鸡精5克，花生油50毫升

做法

❶ 五花肉洗净去毛后煮熟，再捞起切成薄片；西蓝花洗净掰成小块；姜洗净切片；葱洗净切段；蒜洗净切片。

❷ 锅内放少许油，放入肉炒香出油后，加入葱、姜、蒜，再放入豆瓣酱炒香。

❸ 再一起翻炒，加入西蓝花炒熟后，加入少许食盐、味精炒熟，装盘即可。

江南回锅肉

材料

五花肉250克，青椒、红椒各80克，蒜苗25克，蒜末5克

调料

食盐3克，花生油、辣椒酱、老抽、卤水各适量

做法

❶ 五花肉洗净备用；青椒、红椒均去蒂洗净，切片；蒜苗洗净，切段。

❷ 五花肉入卤水中，卤熟捞出沥干，切片。

❸ 热锅注油，入蒜末爆香，倒入五花肉略炒，再倒入青椒、红椒一起翻炒，加入食盐、辣椒酱、老抽调味，待熟，放入蒜苗炒至断生，起锅装盘即可。

川味回锅肉

材料

五花肉300克，洋葱150克，青椒、红椒各50克，蒜苗20克，蒜5克

调料

食盐3克，花生油、豆豉酱、老抽、红油、卤水各适量

做法

❶ 五花肉洗净，入卤水卤熟，切片备用；青椒、红椒均去蒂洗净，切圈；洋葱洗净，切圈；蒜苗洗净，切段；蒜去皮洗净，切末。

❷ 炒锅注油烧热，入蒜末爆香，入五花肉略炒，再入洋葱、青椒、红椒同炒，加入食盐、豆豉酱、老抽、红油调味，待熟，放入蒜苗炒至断生，装盘即可。

干豆角回锅肉

材料

五花肉250克，干豆角150克，红椒50克，蒜5克，蒜苗适量

调料

食盐3克，花生油、辣椒酱、老抽、卤水各适量

做法

1 五花肉洗净，入卤水卤好后切片；干豆角泡发后切段；红椒洗净切块；蒜洗净切末；蒜苗洗净切段。

2 热油锅，放入蒜末、红椒、五花肉，加少许食盐翻炒后，再放入干豆角、蒜苗，炒至熟时加入食盐、辣椒酱、老抽调味即可。

虎皮尖椒炒回锅肉

材料

五花肉350克，尖椒200克，葱5克，蒜10克

调料

食盐3克，花生油、豆豉酱、老抽、红油、卤水各适量

做法

1 五花肉洗净，入卤水卤熟，待凉切片；尖椒去蒂洗净；葱、蒜洗净，切末。

2 热油锅，放入蒜末、尖椒、豆豉酱煸香，再倒入五花肉，加入食盐、老抽、红油翻炒，炒至熟时撒上葱花装盘即可。

菜心爆炒五花肉

材料

猪五花肉250克，菜心80克，干红椒、香菜、葱各适量

调料

食盐、料酒、老抽、花生油各适量

做法

❶ 菜心洗净，焯水后摆入盘中；猪五花肉洗净，氽水捞出切片；干红椒洗净，切段；香菜洗净切碎；葱洗净切花。

❷ 油锅烧热，入干红椒炒香，放入五花肉同炒片刻，再放入香菜、葱花。

❸ 至各材料均熟，调入食盐、料酒、老抽炒匀，起锅装入摆有菜心的盘中即可。

回锅肉炒土豆片

材料

猪五花肉200克，土豆150克，姜末、红椒块各适量

调料

食盐3克，豆瓣酱25克，料酒10克，花生油、白糖、老抽各适量

做法

❶ 猪五花肉放入汤锅中煮至肉熟，捞出，待凉，切片；土豆去皮，切成片，用清水冲洗一下。

❷ 油锅烧热，放入土豆片煸炒，稍变色后捞出；再在油锅中放入肉片，略炒，放入食盐、豆瓣酱、料酒、白糖、老抽、姜末及红椒块，再倒入土豆炒匀，起锅盛盘即可。

茄干炒肉

材料

茄干150克，五花肉250克，青椒、红椒各50克，葱段25克

调料

老抽15毫升，食盐3克，鸡精2克，花生油适量

做法

① 五花肉洗净，切片；茄干洗净切好；青椒、红椒去蒂洗净切圈。

② 炒锅注油烧热，放入五花肉片煸炒至出油，捞出沥油；锅底留油，倒入茄干快速翻炒，再倒入五花肉片、青椒、红椒和葱段一起翻炒，加入食盐和老抽炒入味，调入鸡精，出锅即可。

肉片炒莜面鱼

材料

猪肉200克，莜面鱼250克，青椒、红椒各50克

调料

食盐3克，鸡精2克，花生油、老抽、陈醋、水淀粉各适量

做法

① 猪肉洗净，切片；青椒、红椒均去蒂洗净，切丝。

② 起油锅，入猪肉略炒片刻，再放入莜面鱼、青椒、红椒同炒，加入食盐、鸡精、老抽、陈醋炒至入味，待熟加入水淀粉勾芡稍微焖一会儿，装盘即可。

沙嗲滑肉炒藕片

材料

沙嗲酱15克，猪肉120克，莲藕150克，辣椒10克

调料

老抽10毫升，食盐、味精各3克，水淀粉、花生油各适量

做法

① 莲藕去皮，洗净，切片，焯水；猪肉洗净，切片，放入食盐、味精、老抽、水淀粉腌渍半个小时；辣椒洗净，切片。

② 油锅烧热，倒入辣椒、猪肉爆炒，至肉色微变时，加入莲藕翻炒12分钟。

③ 加入沙嗲酱、老抽、食盐、味精一起炒香即可。

百花炒夹片

材料

猪肉150克，腊肉200克，莲藕、荷兰豆、芹菜各150克，红椒50克

调料

食盐3克，鸡精2克，水淀粉、花生油各适量

做法

① 所有原材料洗净。

② 将猪肉与水淀粉，加适量食盐搅匀，然后夹入藕片中，做成藕夹，入蒸锅蒸熟后，取出备用。

③ 净锅注油烧热，放入腊肉翻炒片刻，再放入荷兰豆、芹菜、红椒一同翻炒，加入食盐、鸡精调味，炒熟装盘，再将蒸熟的藕夹摆盘即可。

酸菜肉末炒饵块

材料

猪肉150克，饵块200克，豌豆苗、酸菜各50克，蒜苗10克

调料

食盐3克，鸡精2克，花生油、老抽、水淀粉各适量

做法

1. 猪肉洗净，切末；酸菜洗净，切片；饵块及其他材料洗净切好。

2. 净锅注油烧热，放入猪肉略炒，再放入饵块炒至八成熟时，放入豌豆苗、酸菜一起翻炒。

3. 加入食盐、鸡精、老抽调味，待熟，放入蒜苗略炒，用水淀粉勾芡，装盘即可。

湘式嫩滑肉

材料

猪肉250克，洋葱150克，青椒、红椒各50克

调料

食盐3克，鸡精2克，陈醋、花生油、水淀粉各适量

做法

1. 猪肉洗净，切块；洋葱洗净，切片；青椒、红椒均去蒂洗净，切片。

2. 净锅注油烧热，放入猪肉炒至变色，再放入洋葱、青椒、红椒一起炒，加入食盐、鸡精、陈醋炒至入味，待熟用水淀粉勾芡，装盘即可。

豆干芹菜炒肉丝

材料

猪瘦肉200克，豆腐干、芹菜各100克，胡萝卜适量，红椒少许

调料

食盐3克，味精1克，陈醋6毫升，老抽15毫升，花生油适量

做法

❶ 猪瘦肉洗净，切丝；豆腐干、胡萝卜洗净，切条；芹菜洗净，切长段；红椒洗净，切片。

❷ 锅内注油烧热，放入猪肉丝爆炒至金黄色时，加入食盐翻炒入味，再放入豆腐干条、芹菜段、胡萝卜条、红椒片一起翻炒，烹入陈醋、老抽。炒至汤汁收浓时，加入味精调味，装盘即可。

干煸肉丝

材料

猪肉400克，芹菜150克，干红辣椒10克，白芝麻5克

调料

食盐3克，鸡精2克，老抽、水淀粉、花生油各适量

做法

❶ 猪肉洗净切丝与水淀粉拌匀备用；芹菜与干红辣椒洗净，切条。

❷ 净锅注油烧热，放入猪肉丝炸熟后，捞出控油。锅内留少许油，入干红辣椒、白芝麻炒香后，再放入炸好的猪肉、芹菜同炒，加入食盐、鸡精、老抽调味，炒熟装盘即可。

钱江炒肉丝

材料

猪肉350克，土豆150克

调料

食盐3克，鸡精2克，辣椒酱、花生油各适量

做法

① 猪肉洗净，切条；土豆去皮洗净，切丝。

② 热锅注油，放入土豆丝翻炒，加入食盐、鸡精调味，炒熟盛盘。

③ 另起锅下油，放入猪肉略炒一会儿，加入食盐、鸡精、辣椒酱调味，炒熟盛在盘中的土豆丝上即可。

炒三鲜肉

材料

猪肉300克，虾仁150克，香菇、黄瓜各100克，蒜5克

调料

食盐3克，鸡精2克，老抽、花生油、水淀粉各适量

做法

① 猪肉洗净，切丝；虾仁洗净备用；香菇、黄瓜均洗净，切片；蒜去皮洗净，切片。

② 热锅注油，入蒜片炒香后，放入猪肉、虾仁略炒，再放入香菇、黄瓜，加入食盐、鸡精、老抽调味，待熟，用水淀粉勾芡，装盘即可。

一品小炒皇

材料

猪肉400克，黄瓜、香菜各适量

调料

食盐3克，鸡精2克，老抽、陈醋、面粉、花生油、水淀粉各适量

做法

❶ 猪肉、黄瓜、香菜均洗净，分别切丝、片、段；将面粉加入适量清水、食盐搅拌成糊备用。

❷ 净锅注油烧热，将面粉糊煎成面饼后摆盘，黄瓜摆在面饼上。

❸ 起油锅，放入猪肉略炒，加入食盐、鸡精、老抽、陈醋、水淀粉调味，炒熟装盘，用香菜点缀即可。

香辣酥肉

材料

猪肉300克，蒜薹200克，花生50克，干红辣椒10克，白芝麻5克

调料

食盐3克，鸡精2克，老抽、陈醋、花生油各适量

做法

❶ 猪肉洗净，切块；蒜薹洗净，切段；干红辣椒洗净，切段；花生去皮洗净。

❷ 净锅注油烧热，入干红辣椒、白芝麻、花生炒香，放入猪肉略炒，再放入蒜薹一起炒，加入食盐、鸡精、老抽、陈醋调味，煸炒至熟，装盘即可。

酸菜炒肉片

材料

酸菜100克，瘦肉300克，干辣椒少许

调料

食盐3克，味精2克，陈醋8毫升，老抽10毫升，花生油适量

做法

1 酸菜洗净，切碎；瘦肉洗净，切片；干辣椒洗净，切开。

2 锅内注油烧热，下入肉片翻炒至快熟时，放入酸菜，再加入食盐、陈醋、老抽、干辣椒一起翻炒。

3 至汤汁收干时，加入味精调味，起锅装盘即可。

果脯上元肉

材料

果脯40克，猪瘦肉200克，花生米、青椒段、红椒段、熟芝麻各适量

调料

食盐、淀粉、花生油、香油各适量

做法

1 瘦肉洗净，切块，用食盐、淀粉加水拌匀；花生米洗净，去皮，入油锅炸脆待用。

2 油锅烧热，下瘦肉炸至金黄色，再入果脯、青椒、红椒同炒。

3 倒入花生米翻炒均匀，淋入香油，撒上熟芝麻即可。

肉丁花生米

材料

猪瘦肉250克，花生米150克，胡萝卜30克，青椒30克，葱丝、姜丝各适量

调料

味精、料酒、食盐、花生油各适量

做法

1. 花生米放入油锅中炸熟，捞出沥干油，待凉去皮。
2. 猪瘦肉、胡萝卜、青椒均洗净沥干，切成丁备用。
3. 净锅上火注油烧热，加入葱丝、姜丝煸香后，下入肉丁煸炒，再加入料酒和食盐，炒至肉丁将熟，下入胡萝卜丁和青椒丁煸炒，倒入花生米和味精，炒匀出锅。

双椒炒护心肉

材料

护心肉400克，青椒、红椒各50克，洋葱100克

调料

食盐3克，鸡精2克，料酒、老抽、花生油、水淀粉各适量

做法

1. 护心肉洗净切片；青椒、红椒均洗净切块；洋葱洗净焯熟后沥干摆盘。
2. 净锅注油烧热，放入护心肉翻炒片刻，加入食盐、鸡精、料酒、老抽炒至入味，再放入青椒、红椒略炒，待熟，加水淀粉焖煮片刻，待汤汁变浓盛盘即可。

爆炒肉丁

材料

猪里脊肉200克，红椒丁70克，西芹100克，柳橙1个

调料

老抽、味精、食盐、花生油、水淀粉各适量

做法

1. 猪里脊肉洗净，切丁；西芹洗净，切丁；柳橙去皮，切丁。
2. 净锅上火，注油烧热，将里脊肉丁入锅快炒至七成熟。
3. 加入西芹丁和红椒丁翻炒，再放入柳橙丁，加入调料调味，勾薄芡，起锅装盘即可。

肉炒牛肝菌

材料

五花肉200克，牛肝菌150克，辣椒、大葱各15克

调料

老抽、食盐、花生油、味精各5克

做法

1. 五花肉洗净，切片，用食盐、老抽腌渍半小时，入沸水中汆一下；牛肝菌洗净，切片，入水中焯一下；辣椒洗净，切片；大葱洗净，切段。
2. 起油锅，入辣椒、五花肉炒香盛出，锅内留油，入牛肝菌、大葱炒熟。
3. 加入辣椒、五花肉炒匀，放入食盐、味精调味即可。

Part3

红烧肉、蒸肉、扣肉

——色香味美花样多

肥瘦相间的五花肉，肉质松软，肉香扑鼻，含有丰富的优质蛋白质和人体必需的脂肪酸，能为人体提供多种必需的营养成分，让人精力充沛。红烧肉、蒸肉、扣肉都是以五花肉为制作主料的热菜，精心挑选的菜式，非常适合家庭制作，做法简单，可满足营养美味双重要求。

红烧肉扒板栗

材料

五花肉500克，板栗200克，香菜叶、红椒各适量

调料

食盐3克，白糖5克，老抽、花生油、料酒各适量

做法

1. 五花肉洗净切块，入水煮沸捞出，洗净；板栗去壳焯熟，捞出沥干，装在煲内；香菜叶洗净；红椒洗净，切片。

2. 起油锅，入白糖烧至起大泡时入肉块迅速翻炒，加入食盐、料酒、老抽，加一点水，煮至汤汁收浓，盛在板栗上，用香菜、红椒点缀即可。

双椒红烧肉

材料

五花肉800克，青椒、红椒、大蒜各适量

调料

食盐4克，味精2克，生抽、花生油、高汤、白糖、蜂蜜各适量

做法

1. 五花肉洗净，冷水入锅烧至水开，捞出，切块；青椒、红椒洗净，切块；大蒜去皮待用。

2. 油锅烧热，加入白糖炒成糖色，倒入肉块翻炒上色，加入食盐、生抽、高汤烧开，加入大蒜、青椒、红椒用中火炖好，淋入蜂蜜、加入味精，装碗即可。

上海青红烧肉

材料

五花肉550克，上海青200克，葱花、去皮大蒜适量

调料

白糖、食盐、料酒、老抽、八角、花生油、鸡汤各适量

做法

1. 五花肉洗净，汆水后切方块；上海青洗净；大蒜焯水。

2. 锅内注油，加入白糖炒上色，放入肉块、料酒、食盐、老抽、八角、鸡汤煨至肉烂浓香。将上海青炒熟置于碗底，红烧肉摆放正中，撒上葱花，摆上大蒜即可。

梅菜扣肉

材料

梅菜50克，带皮五花肉450克

调料

食盐3克，味精2克，老抽50毫升，蚝油15毫升，白糖10克，花生油适量

做法

1. 梅菜泡发洗净剁碎，入油锅，加入食盐、味精炒至水分干且有香味时盛出。

2. 五花肉洗净，煮熟，在肉皮上涂上老抽，入油锅炸成虎皮状，取出切片。

3. 肉皮朝下、肉朝上码入碗中，加入食盐、味精、老抽、蚝油、白糖，放上梅菜，蒸熟取出，扣盘即可。

红烧肉扒干豆角

材料

五花肉300克，干豆角200克，葱花3克，香菜适量

调料

食盐3克，辣椒酱5克，老抽、陈醋、花生油、料酒各适量

做法

❶ 五花肉洗净切块，用沸水氽烫，洗净沥干；干豆角泡发洗净；香菜洗净。

❷ 干豆角用清水煮熟，捞出沥干，摆盘。

❸ 起油锅，放入五花肉略炒，加入食盐、辣椒酱、老抽、陈醋、料酒，稍加点清水，烧至八成熟时盛出，摆在干豆角上，入蒸锅蒸一会儿，取出，撒上葱花、香菜即可。

西蓝花蒸肉

材料

五花肉450克，西蓝花150克

调料

食盐3克，鸡精2克，白糖5克，老抽、花生油、料酒、水淀粉各适量

做法

❶ 五花肉洗净，在皮上切花刀；西蓝花洗净，掰成小朵，焯水后捞出沥干，摆盘。

❷ 五花肉氽烫后，捞出摆在西蓝花中间，一起入蒸锅蒸熟后取出。

❸ 热锅注油，入白糖烧化，加入食盐、鸡精、老抽、料酒、水淀粉一起调成味汁，淋在五花肉上即可。

干锅红烧肉

材料

五花肉、干豆角、葱各适量

调料

食盐、陈醋、老抽、花生油、红糖各适量

做法

❶ 五花肉洗净切块；葱洗净切花；干豆角泡发切段。

❷ 锅内注油烧热，放入五花肉、干豆角翻炒，加入食盐、陈醋炒入味，再注入清水，煮沸时加入老抽、红糖继续焖煮至汤收浓，盛入干锅内，撒入葱花即可。

西蓝花红烧肉

材料

五花肉500克，西蓝花100克，葱3克

调料

食盐3克，鸡精2克，白糖5克，花生油、老抽、料酒、水淀粉各适量

做法

❶ 五花肉洗净，切成方块，氽烫后捞出沥干水；西蓝花洗净，掰成小朵，焯水后捞出沥干，摆盘；葱洗净，切花。

❷ 净锅注油烧热，放入白糖烧至融化，放入五花肉熘炒片刻，加入食盐、鸡精、老抽、料酒和少许清水煮熟，用水淀粉勾芡，码盘，撒上葱花即可。

酱椒蒸肉

材料

五花肉500克，泡椒、红辣椒、葱花各适量

调料

食盐5克，味精2克，老抽、花生油、料酒、白砂糖各适量

做法

❶ 五花肉洗净煮熟，冷却后切薄片，放入油锅煎炒至金黄色，摆于盘中。

❷ 泡椒和红辣椒洗净，切碎，铺在肉上，将其余调料调成汁，淋在肉上。

❸ 入锅蒸20分钟后出锅，撒上葱花即可。

家常红烧肉

材料

五花肉300克，蒜苗50克，大蒜30克，干椒段、姜片各适量

调料

食盐、老抽、花生油、味精各适量

做法

❶ 五花肉洗净，切方块；蒜苗洗净切段。

❷ 将五花肉块放入锅中煸炒出油，加入老抽、干椒段、姜片、大蒜和适量清水煮开。

❸ 盛入砂锅中炖2小时收汁，放入蒜苗，加入食盐、味精调味即可。

东坡肉

材料

五花肉450克，上海青50克

调料

食盐3克，鸡精2克，白糖5克，花生油、米酒、老抽、糟酒、淀粉各适量

做法

❶ 将一整块五花肉洗净，连着表皮，在肉上切方丁；上海青洗净备用。

❷ 净锅入水烧开，放入上海青焯水，捞出沥干后摆盘。将一整块五花肉摆在上海青上，一起入蒸锅蒸熟后取出。

❸ 起油锅，将所有调料一起调成味汁，均匀地淋在五花肉上即可。

腩乳汁扣酥肉

材料

五花肉500克，西蓝花50克，鱼丸4个

调料

食盐3克，鸡精2克，老抽、陈醋、料酒、花生油、水淀粉各适量

做法

❶ 五花肉洗净，切块；鱼丸煮熟，捞出装盘；西蓝花洗净，掰成小朵。

❷ 净锅入水烧沸，先将西蓝花焯熟，捞出沥干，摆盘；再将五花肉汆烫后，捞出沥干后装盘，入蒸锅蒸熟。

❸ 净锅注油烧热，将所有调料一起调成味汁，淋在五花肉上即可。

东坡坛子肉

材料

五花肉500克，洋葱200克，姜、蒜各5克

调料

食盐3克，鸡精2克，白糖5克，老抽、花生油、料酒、水淀粉各适量

做法

1. 五花肉洗净，切块，入蒸锅蒸熟，备用；洋葱洗净，切丝；姜、蒜均去皮洗净，切末。
2. 热锅注油，入姜、蒜末爆香，入洋葱，加入食盐、鸡精调味，炒熟后盛入坛中，将五花肉扣在上面。
3. 另起锅注油，入白糖烧化，加入食盐、鸡精、老抽、料酒、水淀粉一起调成味汁，淋在五花肉上即可。

芝麻东坡肉

材料

五花肉300克，白芝麻3克

调料

食盐3克，白糖5克，老抽、陈醋、花生油、水淀粉各适量

做法

1. 五花肉洗净，用沸水汆烫，捞出沥干备用。
2. 将五花肉入蒸锅蒸熟，取出装盘。
3. 净锅注油烧热，放入白芝麻爆香，放入所有调料一起调成的味汁，淋在五花肉上即可。

菠菜红烧肉

材料

五花肉400克，菠菜100克，姜、蒜各5克

调料

食盐3克，鸡精2克，花生油、老抽、陈醋各适量

做法

❶ 五花肉洗净，切块；菠菜洗净备用；姜、蒜均去皮洗净，切末。

❷ 净锅注油烧热，放入姜、蒜末爆香，再放入五花肉炒至五成熟，加入食盐、鸡精、老抽、陈醋调味，加入适量清水，再放入菠菜一起煮熟，盛在煲内即可。

广式红烧肉

材料

五花肉450克，豆腐皮200克，香菜适量

调料

食盐3克，鸡精2克，白糖、老抽、花生油、料酒、卤汁各适量

做法

❶ 五花肉洗净，切块；豆腐皮、香菜均洗净。

❷ 锅内入卤汁烧开，入豆腐皮卤熟，捞出沥干，切条，铺在容器底部。

❸ 净锅注油烧热，入白糖烧化，加入食盐、鸡精、老抽、料酒、卤汁，调成味汁，入五花肉炒匀，加入清水煮熟，盛在豆腐皮上，用香菜点缀即可。

干豆角红烧肉

材料

五花肉400克，干豆角150克，葱3克，红椒5克，香菜适量

调料

食盐3克，老抽、陈醋、花生油各适量

做法

❶ 五花肉洗净，切块；干豆角洗净，切段，放在干锅底部；葱洗净，切花；红椒去蒂洗净，切丁；香菜洗净备用。

❷ 净锅注油烧热，入五花肉煸炒片刻，加入食盐、老抽、陈醋炒至入味，加入适量清水焖至熟透，盛在装干豆角的锅里。撒上葱花、红椒、香菜，加入花生油，将干豆角烧熟后即可。

红枣红烧肉

材料

带皮猪五花肉500克，红枣100克

调料

花生油、老抽、白糖、食盐各适量

做法

❶ 猪五花肉洗净，入锅中煮熟后捞出，在肉皮表面打上十字花刀。

❷ 红枣泡发，去核，入油锅中炸至酥脆。

❸ 在肉皮表面涂抹上老抽、白糖、食盐，下入油锅中炸至金黄色，捞出与红枣一起摆盘即可。

蒸三角肉

材料

带皮猪五花肉1000克，梅菜105克，香菜段
5克

调料

食盐3克，甜酒酿10克，老抽10克，花生油
适量

做法

❶ 五花肉洗净，入锅煮熟后抹上食盐、酒酿
和老抽，再入油锅中炸至肉皮呈金黄色。

❷ 将炸好的肉入锅煮至回软，捞出切三角
块，装入碗中。

❸ 梅菜洗净，剁碎，装在肉块上，上锅蒸
熟，撒上香菜段即可。

坛焖肉

材料

五花肉450克，花菜150克

调料

食盐3克，鸡精2克，花生油、料酒、老抽、
陈醋各适量

做法

❶ 五花肉洗净，切块；花菜洗净，切成小块。

❷ 净锅入水烧沸，放入花菜焯熟，捞出沥干
装盘。

❸ 将五花肉与所有调料一起搅拌均匀，放在坛
子内，上火焖熟后盛在盘中的花菜上即可。

梅菜蒸肉

材料

五花肉400克，梅菜150克，馒头9个

调料

食盐3克，老抽、陈醋、香油各适量

做法

1. 五花肉洗净，切方块；梅菜洗净，切碎。
2. 净锅入水烧沸，放入五花肉汆烫，捞出沥干。
3. 将梅菜装在碗底，把五花肉扣在梅菜上，加入所有调料，一起入蒸锅内蒸熟后取出，将馒头摆在四周即可。

龙眼扣肉

材料

五花肉300克，香芋、火腿各100克，上海青、干辣椒适量

调料

花生油、食盐、味精、老抽各适量

做法

1. 五花肉洗净煮熟，入油锅炸至金黄，捞出控油；将香芋、火腿洗净切段，炸熟后控油；上海青洗净，焯熟。
2. 五花肉切片，把香芋、火腿片包入五花肉片内卷好，入碗中摆好。
3. 油烧热，爆香干辣椒，加入老抽、食盐和味精，调味炒匀，盛出浇在卷好的肉上，蒸熟扣盘，用上海青围盘即可。

红烧肉扒豆皮

材料

五花肉250克，豆皮150克，葱5克

调料

食盐3克，花生油、白糖、老抽、料酒、水淀粉各适量

做法

1. 五花肉洗净，切丁；豆皮洗净，切菱形片；葱洗净，切段。
2. 净锅入水烧开，入豆皮焯熟，捞出沥干装盘。
3. 净锅注油烧热，入白糖烧化，加入食盐、老抽、料酒、水淀粉调成味汁，入五花肉炒匀，加入清水，焖煮至熟，盛在豆皮上，摆上葱段即可。

浇汁五花肉

材料

五花肉500克，黄瓜片100克，干红椒末、蒜末、葱末各适量

调料

食盐、老抽、花生油、红油各适量

做法

1. 五花肉洗净，煮熟后捞起，抹上老抽，切块；黄瓜片摆盘。
2. 油锅烧热，下入五花肉炸2分钟，放入食盐、老抽和适量清水烧开，小火煮至肉块熟烂，盛盘；再起油锅，入干红椒、蒜、葱、红油调成味汁，淋在五花肉上即可。

松子焖酥肉

材料

五花肉250克，上海青150克，松子10克

调料

食盐3克，白糖10克，花生油、老抽、陈醋、料酒各适量

做法

1. 五花肉洗净；上海青洗净备用。
2. 净锅入水烧开，放入上海青焯熟，捞出沥干摆盘。
3. 起油锅，入白糖烧化，再加入食盐、老抽、陈醋、料酒调成味汁，放入五花肉裹匀，加入适量清水，焖煮至熟，盛在上海青上，用松子点缀即可。

武陵方肉粟米饼

材料

五花肉200克，粟米适量

调料

食盐3克，白糖5克，老抽、番茄酱、花生油、料酒各适量

做法

1. 五花肉洗净；粟米洗净，煮熟，待凉备用。
2. 将熟粟米做成一个饼状，下入油锅，将其两面煎一下，捞出控油，装盘。
3. 另起油锅，入白糖烧化，再加入食盐、老抽、料酒调成味汁，放入五花肉，加入清水，焖煮至熟，淋入番茄酱略炒，盛在粟米饼上即可。

潮莲烧肉

材料

五花肉400克

调料

食盐3克，老抽、花生油、料酒各适量

做法

❶ 五花肉洗净备用。

❷ 净锅注油烧热，放入五花肉，将其表皮煎至金黄色，翻过来略煎一会儿，加入食盐、老抽、料酒和适量清水，烧熟，装盘即可。

冬瓜烧肉

材料

五花肉200克，冬瓜100克

调料

食盐3克，老抽、花生油、鲜汤各适量

做法

❶ 五花肉洗净，在表皮上切回字花刀；冬瓜去皮、去籽，洗净，切条。

❷ 净锅烧热，倒入鲜汤烧沸，放入五花肉、冬瓜，加入食盐、老抽调味，用小火慢慢烧熟，盛盘即可。

上海青板栗红烧肉

材料

五花肉300克，板栗200克，上海青200克

调料

食盐3克，白糖5克，老抽、料酒、花生油、水淀粉各适量

做法

① 五花肉洗净，切丁；板栗去壳洗净；上海青洗净备用。

② 净锅入水烧开，入上海青焯水，捞出沥干摆盘。

③ 净锅注油烧热，入五花肉翻炒，再入板栗一起炒，加入食盐、白糖、老抽、料酒调味，加适量清水焖熟，待汤汁快收干时以水淀粉勾芡，盛在盘中的上海青上即可。

草菇红烧肉

材料

五花肉500克，草菇50克，葱段、姜片各5克

调料

料酒10克，老抽25克，白糖3克，食盐1克，花生油适量

做法

① 草菇去蒂洗净，对切后沥干；五花肉刮洗干净，切成块。

② 锅置火上，放入五花肉块煸炒，加入料酒、老抽、白糖、葱段、姜片略炒后倒入砂锅。

③ 再放入草菇，加入适量清水用大火烧沸，改小火焖1小时，加入食盐再焖至五花肉块酥烂，拣去葱段、姜片即可。

山笋烧肉

材料

山笋100克，五花肉300克，姜5克

调料

食盐3克，水淀粉10克，老抽、料酒各15毫升，白糖、花生油各适量

做法

❶ 五花肉洗净切块，用水淀粉腌渍；山笋洗净切片；姜洗净切片。

❷ 热锅上油，放入姜片、老抽、白糖炒匀，入肉块上色，炸至肉金黄色时入山笋、食盐、料酒翻炒，再加开水覆过肉，加盖用中小火炖至肉烂笋香，汤汁黏稠，出锅装盘即可。

板栗红烧肉

材料

五花肉400克，板栗200克，生菜少许

调料

食盐3克，白糖5克，老抽、花生油、料酒各适量

做法

❶ 五花肉切块，加水煮沸捞出，洗净滤干；板栗去壳洗净备用；生菜洗净摆盘。

❷ 起油锅，入白糖烧化，入肉块、板栗翻炒，加入食盐、料酒、老抽，加一点清水，小火煮至汤汁收浓，盛在生菜上即可。

湘味莲子扣肉

材料

五花肉800克，莲子400克，葱适量

调料

大料、食盐、料酒、辣椒油、鲍鱼汁各适量

做法

❶ 莲子泡发，去心；五花肉洗净，放入加有大料、食盐、料酒的锅中煮熟，捞出，切薄片；葱洗净，切掉葱白，葱苗不切。

❷ 每片五花肉片包入2颗莲子，以葱苗捆绑定型，肉皮向下装入碗内，淋上辣椒油，上锅蒸熟，再反扣在碗中，淋入鲍鱼汁即可。

乡村土豆烧肉

材料

五花肉450克，土豆200克，葱3克，蒜苗、红椒各10克，干红辣椒5克

调料

食盐3克，老抽、料酒、陈醋、花生油、水淀粉各适量

做法

❶ 五花肉洗净，切块；土豆去皮洗净，切块；葱洗净，切花；蒜苗洗净，切段；红椒去蒂洗净，切条；干红辣椒洗净。

❷ 净锅注油烧热，入干红辣椒爆香，入五花肉煸炒，再入土豆、红椒，加入食盐、老抽、料酒、陈醋、清水炒匀，煮熟后用水淀粉勾芡，放入蒜苗略炒，装盘，撒上葱花即可。

莲子扣肉

材料

五花肉400克，莲子100克，梅菜200克，葱花、西红柿粒、香菜各适量

调料

食盐5克，味精2克，豆瓣酱、老抽、料酒、白糖、水淀粉、八角各适量

做法

❶ 莲子泡发洗净，挑去莲心；梅菜洗净，切碎；五花肉洗净，加入八角，入锅煮15分钟捞出沥干，切片。

❷ 五花肉片包入莲子，卷成卷，装盘，铺上梅菜，将所有调料调成汁淋在梅菜上，入锅蒸20分钟。

❸ 出锅后将五花肉卷和梅菜倒扣在盘中即可。

笋干红烧肉

材料

五花肉400克，笋干150克、葱3克

调料

食盐3克，老抽、红油、花生油、料酒各适量

做法

❶ 五花肉洗净，切块；笋干泡发洗净，切段；葱洗净，切花。

❷ 净锅注油烧热，放入五花肉略炒，再放入笋干，加入食盐、老抽、红油、料酒炒至入味，加入适量清水，焖煮至熟，装盘，撒上葱花即可。

土豆红烧肉

材料

五花肉400克，土豆200克，香菜10克

调料

食盐3克，鸡精2克，白糖5克，老抽、陈醋、花生油、水淀粉各适量。

做法

❶ 五花肉洗净，切块；土豆去皮洗净，切块；香菜洗净，切段。

❷ 净锅注油烧热，放入五花肉翻炒片刻，再放入土豆一起炒，加入食盐、鸡精、白糖、老抽、陈醋炒至八成熟时，加入适量水淀粉焖煮至汤汁收干，装盘，用香菜点缀即可。

萝卜小土豆烧肉

材料

樱桃萝卜100克，小土豆200克，五花肉200克

调料

食盐3克，味精2克，陈醋6毫升，老抽15毫升，白糖少许，花生油适量

做法

❶ 樱桃萝卜、小土豆均去皮，洗净；五花肉洗净，切块。

❷ 油锅烧热，放入肉块翻炒，加入食盐入味，再放入小土豆、萝卜一起翻炒，烹入陈醋、老抽、白糖并注入少量清水，焖煮至汤汁收浓时，加入味精调味即可。

小土豆五花肉

材料

小土豆120克，五花肉150克

调料

食盐、味精各3克，老抽、水淀粉各10克，花生油适量

做法

❶ 小土豆洗净，去皮；五花肉洗净，切块。

❷ 油锅烧热，入五花肉炒香，下入土豆炒匀，加入清水焖3分钟。

❸ 加入食盐、味精、老抽调味，入水淀粉勾芡即可。

酱香小土豆烧肉

材料

五花肉块500克，去皮小土豆300克

调料

豆瓣酱、食盐、老抽、八角、花生油、桂皮各适量

做法

❶ 小土豆入锅煮熟。

❷ 油锅烧热，下入八角、桂皮稍炒，加入开水煮开，下入五花肉块、老抽焖煮至熟软时捞出。

❸ 烧热油锅，下入豆瓣酱炒散，将五花肉和小土豆炒匀，加入老抽和水煮开后，加入食盐调味即可。

金城宝塔肉

材料

五花肉500克，芽菜300克，西蓝花50克，荷叶饼6张

调料

老酱汤适量，淀粉10克

做法

❶ 五花肉洗净，入老酱汤中煮至七成熟捞出；西蓝花洗净，焯水待用；芽菜洗净。

❷ 五花肉用滚刀法切成片，放入碗中，放上芽菜，淋上老酱汤，入蒸笼蒸2小时。

❸ 肉扣在盘中，用西蓝花围边，原汁用淀粉勾芡，淋在盘中，与荷叶饼一同上桌即可。

南瓜红烧肉

材料

五花肉400克，南瓜1个，葱3克

调料

食盐3克，花生油、白糖、老抽、陈醋、料酒各适量

做法

❶ 五花肉洗净，切块；葱洗净，切花；南瓜洗净，将瓜囊掏空，做成一个容器状，然后将其蒸熟后取出备用。

❷ 净锅注油烧热，入白糖烧化，入肉块翻炒，加入食盐、料酒、老抽、陈醋，稍微加一点水，煮至肉色变成褐色，起锅盛在南瓜内，撒上葱花即可。

老肉烧豆腐

材料

五花肉200克，豆腐200克

调料

食盐3克，鸡精2克，白糖、老抽、花生油、水淀粉各适量

做法

❶ 五花肉洗净，切块；豆腐洗净，切片。

❷ 净锅入水烧开，放入五花肉焯水，捞出沥干备用。

❸ 起油锅，放入五花肉略炒，加入食盐、鸡精、白糖、老抽炒至肉变色，再放入豆腐，加入适量清水，煮至汤汁变浓，以水淀粉勾芡，装盘即可。

老肉荷包茄子

材料

五花肉300克，茄子200克，鸡蛋6个

调料

食盐3克，老抽、陈醋、花生油、水淀粉各适量

做法

❶ 五花肉洗净，切丁；茄子洗净，切条，焯水后捞出备用。

❷ 净锅注油烧热，将鸡蛋煎好，对半切开备用。

❸ 另起锅下油，入五花肉翻炒，再入茄子一起炒至五成熟，加入食盐、老抽、陈醋炒匀，加适量水淀粉，焖煮至熟，盛盘，将荷包蛋摆盘即可。

酱香红烧肉

材料

五花肉300克，茶叶蛋3个

调料

食盐3克，白糖、老抽、陈醋、花生油、水淀粉各适量

做法

❶ 五花肉洗净，切块；茶叶蛋去壳，对半切开备用。

❷ 净锅注油烧热，放入白糖烧至融化，再放入食盐、老抽、陈醋、水淀粉调成味汁，放入五花肉熘炒片刻，加适量清水，煮熟盛盘，摆上茶叶蛋即可。

渔家过年肉

材料

五花肉400克，猪皮200克，鹌鹑蛋、西蓝花各适量

调料

食盐3克，鸡精2克，老抽、陈醋、料酒各适量

做法

❶ 五花肉、猪皮均洗净切块；西蓝花洗净切朵，焯熟后摆盘。

❷ 净锅注油烧热，放入五花肉、猪皮炒至五成熟时，加入食盐、鸡精、老抽、陈醋、料酒炒至入味，加适量清水，焖煮至熟，盛盘，再将鹌鹑蛋摆盘即可。

农家烧四宝

材料

五花肉300克，鹌鹑蛋300克，海带、土豆、玉米各200克

调料

食盐3克，老抽、花生油各适量

做法

❶ 五花肉洗净切丁；海带洗净打结；玉米洗净切段，焯熟摆盘；土豆去皮洗净，蒸熟后捣成泥状，做成丸子；鹌鹑蛋煮熟去皮摆盘。

❷ 起油锅，放入土豆丸，炸至表面呈金黄色，捞出控油装盘。锅底留油，放入五花肉翻炒片刻，加入食盐、老抽调味，炒熟装盘即可。

红烧冬瓜五花肉

材料

冬瓜、五花肉各300克，蛋糊、青椒块、红椒块各适量，葱末、姜末、蒜末各适量

调料

食盐、花生油、老抽、淀粉各适量

做法

❶ 五花肉洗净切块。

❷ 冬瓜去皮洗净，切块，挂上蛋糊，下油锅煎至金黄色待用。

❸ 油锅烧热，下入肉块煸炒，加入葱末、姜末、蒜末炒香，放入冬瓜、青椒、红椒及少许清水、食盐、老抽煨熟透，用淀粉勾芡即可。

豆筋红烧肉

材料

五花肉400克，豆筋150克，葱10克

调料

食盐3克，老抽、陈醋、花生油、料酒各适量

做法

1. 五花肉洗净，切块；豆筋泡发洗净，切块；葱洗净，切花。
2. 净锅入水烧开，放入五花肉焯水，捞出沥干备用。
3. 起油锅，放入五花肉炒至出油，再放入豆筋一起炒，加入食盐、老抽、陈醋、料酒炒匀，加适量清水，煮熟盛盘，撒上葱花即可。

红烧肉炖烤麸

材料

五花肉350克，烤麸150克

调料

食盐3克，鸡精2克，老抽、陈醋、花生油、水淀粉各适量

做法

1. 五花肉洗净，切块；烤麸洗净，切块。
2. 净锅注油烧热，放入五花肉煸炒片刻，再放入烤麸，加入食盐、鸡精、老抽、陈醋炒至八成熟，加入适量水淀粉，焖至汤汁变浓，装盘即可。

红烧肉豆腐皮

材料

五花肉500克，豆腐皮350克，红椒、青椒各30克

调料

八角、桂皮、老抽各5克，花椒、料酒、食盐各3克，味精1克，花生油适量

做法

1. 五花肉洗净切块，汆水后捞出；豆腐皮洗净切条；青椒、红椒洗净切小块。
2. 净锅注油烧热，放入五花肉煸炒至肉出油，倒入花椒、八角、桂皮、料酒、老抽翻炒，加入开水，放入豆腐皮、青椒、红椒，烧炖至肉熟。
3. 调入食盐、味精入味，收汁即可。

野干笋烧肉

材料

五花肉450克，野干笋150克，香菜适量

调料

食盐3克，鸡精2克，老抽、红油、陈醋、花生油各适量

做法

1. 五花肉洗净，切块；野干笋泡发洗净，切块；香菜洗净备用。
2. 将野干笋焯水，捞出沥干备用。
3. 净锅注油烧热，入五花肉煸炒，再放入野干笋，加入食盐、鸡精、老抽、红油、陈醋炒匀，稍微加点水，焖煮至熟，撒上香菜即可。

杭椒红烧肉

材料

五花肉300克，杭椒100克，上海青100克

调料

食盐3克，鸡精2克，老抽、陈醋、花生油、水淀粉各适量

做法

❶ 五花肉洗净，切块；杭椒去蒂洗净；上海青洗净备用。

❷ 将上海青焯烫，捞出沥干摆盘。

❸ 起油锅，放入杭椒略炒，再放入五花肉一起炒至五成熟，加入食盐、鸡精、老抽、陈醋调味，炒熟，用水淀粉勾芡，盛在盘中的上海青上即可。

泡椒酸豆角烧肉

材料

五花肉400克，酸豆角、小白菜、泡椒各适量，姜、蒜各5克

调料

食盐3克，老抽、花生油、水淀粉各适量

做法

❶ 花肉洗净切丁；酸豆角洗净切段；小白菜洗净，焯熟后摆盘。

❷ 净锅注油烧热，入姜、蒜、泡椒炒香，再入五花肉、酸豆角一起炒至八成熟时，加入食盐、老抽、水淀粉调味，加适量清水焖煮至熟，盛盘即可。

豌豆红烧肉

材料

豌豆10克，五花肉100克，葱适量

调料

白糖、食盐、老抽、花生油、料酒各适量

做法

❶ 豌豆洗净；葱洗净，切段；五花肉洗净切块，汆水。

❷ 油锅烧热，入五花肉翻炒后，盛出，装盘。

❸ 将锅洗净，放入清水、白糖煮稠，下五花肉，放入食盐、老抽、料酒翻炒2分钟，放豌豆、清水，焖15分钟，撒上葱段即可。

红烧肉焖刀豆

材料

五花肉250克，刀豆300克

调料

食盐3克，鸡精2克，豆瓣酱、老抽、陈醋、花生油、水淀粉各适量

做法

❶ 五花肉洗净，切丁；刀豆去掉头尾洗净，切段。

❷ 净锅注油烧热，放入五花肉翻炒片刻，再放入刀豆一起炒至五成熟，加入食盐、鸡精、老抽、陈醋、豆瓣酱调味，煮至快熟时用水淀粉勾芡，起锅装盘即可。

扣肉烧青笋

材料

五花肉500克，青笋300克

调料

食盐5克，味精2克，老抽、花生油、料酒、白糖、水淀粉各适量

做法

❶ 青笋洗净切条；五花肉洗净，氽水后捞出沥干切片。

❷ 起油锅，入青笋略炒，加入清水及所有调料烧熟后盛盘。

❸ 将五花肉摆好盘，加入食盐、酱料、白糖调味，蒸熟取出扣在青笋上即可。

红焖三样

材料

五花肉300克，豆皮150克，粉丝150克，葱5克

调料

食盐3克，老抽、陈醋、花生油、料酒各适量

做法

❶ 五花肉洗净切块，氽水备用；葱洗净切段；豆皮洗净切条；粉丝泡发后打成结。

❷ 起油锅，放入五花肉炒至五成熟，放入豆皮、粉丝结，加入食盐、老抽、陈醋、料酒调味，加入适量清水，煮至汤汁收干，放入葱段略炒，装盘即可。

同安封肉

材料

猪腿三层肉100克，香菇5朵，虾仁10克，干贝10克，鱿鱼丝10克

调料

白糖、老抽、排骨酱、食盐、味精、花生油、冰糖、高汤各适量

做法

❶ 将三层肉切成正方块，再切十字花刀；香菇、虾仁、干贝、鱿鱼丝洗净。

❷ 净锅注油烧热，放入肉块炸至微黄起锅；将食盐、白糖、老抽、排骨酱、味精、冰糖、高汤调成卤汁，放入炸好的肉块卤至入味备用。

❸ 在圆盆里放入香菇、虾仁、干贝、鱿鱼丝等，再将卤好的肉扣在上面，上蒸笼蒸至酥烂即可。

四季豆烧肉

材料

五花肉300克，干四季豆200克，葱、干红辣椒各3克，蒜5克

调料

食盐3克，鸡精2克，老抽、陈醋、花生油、水淀粉各适量

做法

❶ 五花肉洗净，切块；干四季豆泡发洗净，切段；葱洗净，切花；干红辣椒洗净；蒜去皮洗净，切片。

❷ 净锅注油烧热，入干红辣椒、蒜片爆香，放入五花肉翻炒片刻，再放入干四季豆一起翻炒，加入食盐、鸡精、老抽、陈醋炒至熟，用水淀粉勾芡，装盘，撒上葱花即可。

芥菜干蒸肉

材料

五花肉500克，芥菜干60克

调料

老抽25克，味精2克，桂皮3克，白糖20克，料酒10毫升，八角3克

做法

1. 五花肉洗净切小块，氽水；芥菜干洗净挤干水分，切成小段。

2. 锅中注入清水、老抽、料酒、桂皮、八角，放入肉块煮至八成熟，再加入白糖和芥菜干，中火煮约5分钟，拣去八角、桂皮，加入味精。

3. 取扣碗1只，放芥菜垫底，将肉块皮朝下整齐地排放于上面，上蒸笼蒸约2小时后取出，扣于盘中即可。

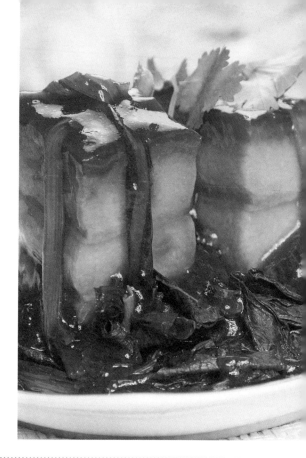

剁椒蒸五花肉

材料

五花肉500克，姜、蒜、葱各5克，剁椒适量

调料

食盐3克，老抽适量

做法

1. 五花肉洗净，切丁；姜、蒜均去皮洗净，切末；葱洗净，切花。

2. 净锅入水烧开，放入五花肉焯水，捞出沥干备用。

3. 将所有调料混合，与五花肉一起搅拌均匀，装在煲内，蒸熟即可。

茄干矼矼肉

材料

五花肉300克，茄干200克，蒜苗、红椒各10克，姜末、蒜末各5克

调料

食盐3克，花生油、老抽、陈醋各适量

做法

❶ 五花肉洗净切块；茄干泡发洗净切条；蒜苗洗净切段；红椒洗净切圈。

❷ 净锅注油烧热，入姜末、蒜末爆香，放入五花肉翻炒片刻，再放入茄干、红椒，加入食盐、老抽、陈醋炒至入味，加入适量清水，焖至汤汁收干，放入蒜苗略炒，装盘即可。

辣味红烧肉

材料

五花肉400克，干红辣椒10克，白芝麻3克，葱段、姜末、蒜末各5克

调料

食盐3克，老抽、花生油、料酒各适量

做法

❶ 五花肉洗净切块；干红辣椒洗净切段。

❷ 净锅入水烧开，放入五花肉焯水后捞出，沥干备用。

❸ 热锅注油，入姜末、蒜末、干红辣椒、白芝麻爆香，放入五花肉煸炒，加入食盐、老抽、料酒调味，待熟放入葱段略炒，装盘即可。

坛肉干鲜菜

材料

五花肉500克，上海青200克，萝卜干150克

调料

食盐3克，白糖5克，鸡精2克，陈醋、老抽、花生油、水淀粉、料酒各适量

做法

❶ 五花肉洗净切块；萝卜干、上海青洗净，将上海青焯水后捞出沥干，装入坛内。

❷ 起油锅，入白糖烧化，入肉块翻炒，加入食盐、料酒、老抽、陈醋、清水，煮至汤汁收浓，装在坛内。

❸ 另起锅注油，入萝卜干略炒，加入食盐、鸡精、老抽炒至入味，待熟用水淀粉勾芡，装在坛内即可。

油豆腐双椒红烧肉

材料

五花肉300克，油豆腐100克，青椒、红椒各20克，蒜5克

调料

食盐3克，鸡精2克，老抽、陈醋、红油、水淀粉、花生油、料酒各适量

做法

❶ 五花肉洗净切块，加清水煮沸捞出，洗净滤干；油豆腐洗净；青椒、红椒均去蒂洗净，切片；蒜去皮洗净，切碎。

❷ 净锅注油烧热，入蒜爆香，放入五花肉翻炒片刻，再放入油豆腐、青椒、红椒一起炒，加入食盐、鸡精、老抽、陈醋、红油、料酒调味，将熟时用水淀粉勾芡，装盘即可。

铁锅红烧肉

材料

五花肉350克，洋葱300克，黄瓜、胡萝卜各100克，葱花适量

调料

食盐、鸡精、白糖、老抽、花生油、水淀粉各适量

做法

1. 五花肉洗净切丁；洋葱、黄瓜、胡萝卜洗净切块。
2. 将洋葱、黄瓜、胡萝卜铺在铁锅底部。
3. 净锅注油烧热，入五花肉翻炒，加入食盐、鸡精、白糖、老抽炒至入味，起锅前用水淀粉勾芡，盛入铁锅，撒上葱花，加入清水，一起烧熟即可。

油豆腐红烧肉

材料

五花肉400克，油豆腐200克，香菜、红椒各少许

调料

食盐3克，老干妈酱5克，鸡精、老抽、陈醋、花生油、鲜汤各适量

做法

1. 五花肉洗净切方块；红椒洗净切圈；油豆腐、香菜洗净。
2. 净锅入水烧开，下入五花肉汆水后，捞出沥干。
3. 起油锅，放入五花肉翻炒片刻，再放入油豆腐，加入食盐、老干妈酱、鸡精、老抽、陈醋炒匀，倒入鲜汤，煮熟起锅，用香菜、红椒点缀即可。

五花肉炖土豆干

材料

五花肉300克，土豆干200克，葱花3克

调料

食盐3克，鸡精2克，花生油、白糖、老抽、陈醋、水淀粉各适量

做法

❶ 五花肉洗净切块，汆水，捞出沥干备用；土豆干洗净备用。

❷ 起油锅，放入五花肉炒至五成熟时，放入土豆干，加入食盐、鸡精、白糖、老抽、陈醋炒至入味，加入适量清水，快熟时用水淀粉勾芡，焖至汤汁变浓，装盘撒上葱花即可。

茶树菇砣砣肉

材料

红烧肉250克，鲜茶树菇150克，红椒、青椒各20克，干辣椒15克，葱15克

调料

食盐3克，花生油适量

做法

❶ 将茶树菇洗净，切段；红烧肉切块；红椒、青椒洗净，切碎；干辣椒、葱洗净，切段。

❷ 锅中注油烧热，放入红椒、青椒、干辣椒、葱爆香。

❸ 再放入茶树菇、红烧肉炒匀后，掺适量水烧至水快干时，调入食盐即可。

年糕五花肉

材料

五花肉500克，虾仁、西红柿、豌豆苗、年糕各50克，姜10克

调料

食盐3克，老抽、陈醋、花生油、水淀粉各适量

做法

1. 五花肉洗净，蒸熟后取出装盘；虾仁洗净；西红柿洗净，切片；豌豆苗、年糕均洗净；姜去皮洗净，切块。

2. 起油锅，入姜块爆香，入虾仁略炒，放入西红柿、豌豆苗、年糕一起炒，加入食盐、老抽、陈醋炒至入味，用水淀粉勾芡，淋在五花肉上即可。

豆渣五花肉

材料

五花肉500克，豆渣100克，葱3克

调料

食盐3克，红油、老抽、陈醋、花生油、料酒各适量

做法

1. 五花肉洗净，切块；葱洗净，切花。

2. 净锅入水烧沸，放入五花肉汆水，捞出沥干备用。

3. 起油锅，放入五花肉炒至五成熟时，放入豆渣，加入食盐、红油、老抽、陈醋、料酒调味，加入适量清水，焖煮至熟，盛盘撒上葱花即可。

腊笋扣肉

材料

五花肉500克，腊笋300克，上海青梗200克，馒头8个

调料

食盐5克，味精2克，老抽、料酒、白糖、水淀粉各适量

做法

❶ 五花肉洗净，汆水后切薄片，整齐地摆于碗中。

❷ 腊笋洗净切片，焯熟后放到肉上，将所有调料调成汁淋在碗里，入锅蒸熟。上海青梗洗净焯熟，备用。

❸ 出锅后用一盘子扣在碗上，翻转，将碗拿走，把焯烫好的上海青围在边上，配上馒头即可。

北味小碗肉

材料

五花肉350克，熟鹌鹑蛋300克，苕粉适量，葱段5克

调料

食盐3克，老抽、陈醋、花生油、淀粉各适量

做法

❶ 五花肉洗净切块；苕粉洗净泡发。

❷ 将淀粉加水搅成糊，鹌鹑蛋裹上面糊，入油锅，炸至表面呈金黄色，捞出控油备用。

❸ 另起油锅，入五花肉炒至五成熟，加入食盐、老抽、陈醋调味，再入鹌鹑蛋、苕粉、葱段，加入清水，煮熟装盘即可。

腊笋烧肉

材料

五花肉250克，腊笋200克，红椒10克，葱段5克

调料

食盐3克，鸡精2克，花生油5毫升，老抽、陈醋、水淀粉各适量

做法

❶ 五花肉、红椒洗净切块；腊笋泡发洗净，焯水，捞出沥干。

❷ 净锅注油烧热，放入五花肉略炒，再放入腊笋、红椒，加入食盐、鸡精、老抽、陈醋炒至入味，待熟用水淀粉勾芡，放入葱段，焖一会儿，装盘即可。

大白菜烧肉

材料

五花肉200克，大白菜300克，葱、姜、蒜各3克

调料

食盐3克，鸡精2克，老抽、花生油、鲜汤各适量

做法

❶ 五花肉洗净，切丁；大白菜洗净，切片；葱洗净，切花；姜、蒜均去皮洗净，切末。

❷ 净锅注油烧热，入姜、蒜爆香，放入五花肉翻炒，加入食盐、鸡精、老抽炒至入味，放入大白菜，倒入鲜汤，煮熟，盛盘撒上葱花即可。

荷叶粉蒸肉

材料

五花肉1000克，梅菜200克，香米粉100克，荷叶1张，葱段、姜末各适量

调料

食盐、老抽、白糖、料酒各适量

做法

❶ 香米粉入锅炒香；五花肉洗净汆水，放入清水锅中加老抽、食盐、白糖、料酒、葱段、姜末煮开，文火烧至上色，捞出，切片，裹上香米粉；荷叶洗净备用。

❷ 梅菜洗净切碎，炒熟备用。

❸ 将肉装碗，放入梅菜，铺上荷叶，上笼蒸熟，端出倒扣于盘中即可。

万字扣肉碗

材料

五花肉450克，大葱、老姜各适量

调料

老抽、料酒、香陈醋、蚝油、冰糖、鸡精、白胡椒粉、八角、水淀粉各适量

做法

❶ 五花肉洗净，用料酒和老抽腌渍入味，入锅中煎炸至金黄色取出。

❷ 稍凉后把肉立起来，用刀切成薄厚合适的连刀片。

❸ 切好后，把长形肉片再还原成肉方形状，放入盘中。将所有调料调成汁，淋在肉上，入锅蒸20分钟即可。

粉蒸肉

材料

五花肉400克，蒸肉米粉50克，姜片5克

调料

食盐3克，料酒、老抽、白糖、豆瓣酱、红油各适量

做法

❶ 五花肉洗净切块。

❷ 将肉片盛入大碗中，加入米粉和清水，让米粉湿润，使肉都能裹上厚厚的米粉，再与食盐、豆瓣酱、红油、姜片、料酒、老抽、白糖一起拌匀。

❸ 锅上火，将米粉肉片肉皮朝下，逐片码在碗内，放入蒸锅蒸1.5小时至熟，取出扣在盘里即可。

眉州扣肉

材料

五花肉500克，冬菜300克，小馒头10个

调料

食盐5克，味精2克，腐乳、老抽、料酒、白糖、水淀粉各适量

做法

❶ 五花肉洗净，入沸水中汆去血水，捞出沥干切厚片，放入碗中。

❷ 冬菜洗净，放在肉上，把所有调料调成汁，淋在碗中，入锅蒸30分钟。

❸ 出锅后，用一盘子扣在碗上，翻转，将碗拿走，再配上小馒头即可。

青豆粉蒸肉

材料

青豆300克，五花肉500克，蒸肉粉适量，香菜段10克

调料

食盐4克，鸡精2克，老抽5毫升

做法

❶ 将青豆洗净，沥干待用；五花肉洗净，切成薄片，加蒸肉粉、老抽、食盐和鸡精拌匀。

❷ 将青豆放入蒸笼中，五花肉摆在青豆上，将蒸笼放入蒸锅蒸25分钟至熟烂时取出。

❸ 撒上香菜段即可。

农家粉蒸肉

材料

五花肉350克，冬瓜300克，葱花、蒸肉粉各适量

调料

食盐3克，鸡精1克，老抽、香油各15毫升

做法

❶ 将五花肉洗净，切薄片，加入食盐、鸡精、老抽和蒸肉粉拌匀；冬瓜去皮，洗净，切片。

❷ 将五花肉和冬瓜放入盘中，入蒸锅蒸至五花肉熟烂，取出，撒上葱花，淋入香油即可。

莲藕粉蒸肉

材料

五花肉500克，莲藕200克，生大米粉25克，大米50克，姜末2克

材料

白糖3克，胡椒粉1克，料酒10毫升，桂皮3克，八角2克，丁香2克，食盐3克，老抽5毫升

做法

❶ 五花肉洗净切长条，加入食盐、老抽、姜末、料酒、白糖一起拌匀，腌渍5分钟。

❷ 大米淘净，下锅中炒成黄色，加入桂皮、丁香、八角炒香，压碎备用。

❸ 莲藕洗净切条，加入食盐、生大米粉拌匀，猪肉条用熟米粉拌匀，与藕条入笼蒸熟取出，撒上胡椒粉即可。

榨菜蒸肉

材料

猪绞肉300克，竹笋、榨菜、香菇各30克

调料

食盐、老抽、料酒、胡椒粉、淀粉各适量

做法

❶ 竹笋、榨菜洗净切丁；香菇洗净切末。

❷ 猪绞肉用老抽、料酒、食盐、胡椒粉、淀粉拌匀，再加入香菇、竹笋、榨菜拌匀，放入碗中，入蒸锅蒸熟后取出，倒扣在盘中即可。

豉香蒸肉

材料

五花肉300克，豆豉150克

调料

食盐4克，辣椒粉15克，红油、老抽各适量

做法

① 将五花肉洗净，切成厚薄均匀的片，加入老抽和食盐搅拌均匀，腌渍5分钟；将豆豉洗净，沥干水分待用。

② 将五花肉整齐地码在盘中，豆豉和辣椒粉撒在五花肉上，放入锅中蒸熟。

③ 最后淋入红油即可。

夹馍粉蒸肉

材料

五花肉200克，发酵粉、面粉、蒸肉粉、葱花各适量

调料

食盐、鸡精、老抽各适量

做法

① 用温开水化开发酵粉，倒入面粉中，用手和成软硬适中的面团，醒发30分钟，分成10等份，捏成扇贝状，摆盘。

② 将五花肉去皮，洗净，切成薄片，加入蒸肉粉、老抽、食盐拌匀，整齐码于盘中。

③ 最后将五花肉和夹馍放入蒸锅蒸熟，取出撒上葱花即可。

锅魁粉蒸肉

材料

五花肉350克，锅魁8个，蒸肉粉适量

调料

食盐3克，鸡精1克，老抽15毫升，料酒10毫升

做法

❶ 将五花肉洗净，切成薄片，加入蒸肉粉、食盐、鸡精和老抽搅拌均匀，腌渍入味。

❷ 将五花肉摆于盘中，放入蒸锅蒸至熟烂，周围摆上锅魁即可。

小笼粉蒸肉

材料

五花肉450克，面粉300克，酵母少许，葱花适量

调料

料酒、老抽、白糖、食盐、鸡精、胡萝卜丁各适量

做法

❶ 五花肉洗净，切片，加入料酒、老抽、白糖、食盐和鸡精搅拌均匀，放入蒸笼，摆在中间。

❷ 将面粉和酵母溶于温水，和成面团发酵。将面团揉成长条，切成大小相等的馒头胚。锅中水烧开，将馒头放入蒸笼和五花肉一起蒸熟，撒上葱花和胡萝卜丁即可。

荷叶饼夹肉

材料

五花肉300克，生菜100克，荷叶饼适量，蒸肉粉适量

调料

白糖20克，老抽15毫升

做法

❶ 生菜洗净，铺在盘底。

❷ 五花肉洗净，切成薄片，加蒸肉粉、白糖、老抽搅拌均匀，放在生菜上，用大火蒸半小时左右。

❸ 食用时配以荷叶饼即可。

千层肉

材料

五花肉500克，上海青200克，馍适量

调料

老抽20毫升，白糖10克，食盐3克，鸡精1克，料酒15毫升

做法

❶ 上海青洗净，焯水后摆盘中。

❷ 五花肉洗净，切成片，加老抽、白糖、食盐、鸡精和料酒拌匀，整齐地码在装有上海青的盘中间，大火蒸至熟烂。

❸ 将馍摆在盘上即可。

蒜香白切肉

材料

带皮五花肉250克，蒜泥、姜片适量

调料

老抽、味精、香油、花生油、辣油各适量

做法

❶ 五花肉洗净切薄片，入开水中氽烫后捞出
沥干，装盘，放入蒸锅里蒸熟，取出。

❷ 油锅烧热，加入老抽、姜片、蒜泥、辣油、
味精、香油煮成酱汁，淋在肉片上即可。

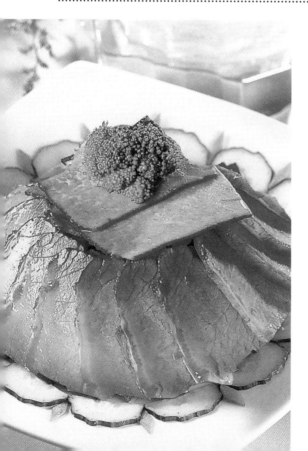

西岐瘦肉

材料

猪瘦肉500克

调料

食盐3克，味精2克，陈醋8毫升，老抽15毫
升，料酒12毫升，白糖、花生油适量

做法

❶ 猪瘦肉洗净，切片。

❷ 锅内注油烧热，加入食盐、味精、陈醋、
老抽、料酒、白糖熬成酱汁，均匀地涂在
肉片表面。

❸ 将涂有酱汁的肉片放入蒸锅中蒸熟，取出
即可。

农家蒸肉

材料

五花肉350克，生菜35克，辣椒丝适量

调料

食盐、味精、老抽、红油、花生油、水淀粉各适量

做法

1. 五花肉洗净，切片，加入食盐、老抽腌渍半小时；生菜洗净。
2. 五花肉装碗，入锅蒸熟，生菜垫盘中，五花肉倒扣在生菜上。
3. 油锅烧热，入辣椒丝、食盐、味精、老抽、红油、水淀粉调成味汁，淋在盘中即可。

碧绿莲蓬扣

材料

五花肉、莲子、梅菜、白菜各适量

调料

番茄酱、八角各适量

做法

1. 莲子洗净，泡3个小时，挑去莲心；梅菜洗净切碎；五花肉洗净，加八角煮40分钟捞出，切薄片；白菜洗净焯水。
2. 五花肉包入莲子卷成卷装盘，铺上梅菜，上锅蒸半小时。
3. 盘中铺上白菜，将五花肉卷、梅菜倒扣在盘中，淋入番茄酱即可。

翠花酸菜肉卷

材料

五花肉500克，白菜200克，酸菜150克

调料

食盐、鸡精、料酒各适量

做法

1. 将五花肉洗净，切成薄片；白菜洗净，切丝；酸菜洗净，摆盘。
2. 五花肉加入食盐、鸡精、料酒拌匀，腌渍10分钟，用每片五花肉加适量白菜丝卷成卷，装在摆有酸菜的盘中。
3. 放入蒸锅中蒸熟即可。

蒸肉卷

材料

五花肉500克，青椒丝、红椒丝各适量

调料

食盐、鸡精、水淀粉、料酒各适量

做法

1. 将五花肉洗净，切成厚薄均匀的片，加入食盐、鸡精、水淀粉和料酒搅拌均匀。
2. 每片五花肉卷上青椒丝、红椒丝，整齐放入盘中。
3. 用大火蒸至熟烂。

金牌一碗香

材料

五花肉400克，腊肉100克，上海青200克

调料

料酒、白糖、老抽、排骨酱各适量

做法

① 将五花肉洗净，入油锅稍炸，捞出待凉后切片；腊肉洗净，切片；上海青洗净，摆盘。

② 五花肉加入料酒、白糖、老抽、排骨酱拌匀后和腊肉片一起装入摆有上海青的盘中。

③ 用大火蒸熟，取出，撒上葱花即可。

南丰坛子肉

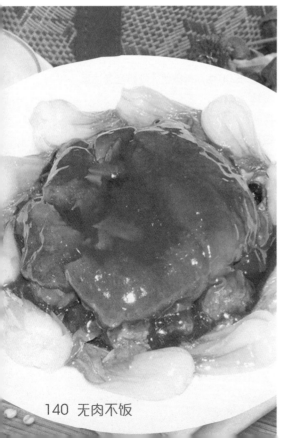

材料

五花肉500克，上海青250克，蒜末适量

调料

排骨酱、白糖、料酒、食盐、老抽、花生油、水淀粉各适量

做法

① 将五花肉洗净，加入食盐、料酒腌渍，放入坛中用大火蒸至熟烂。

② 上海青洗净，焯水后摆盘；将五花肉取出装在摆有上海青的盘中。

③ 锅中再注油烧热，下入蒜末、排骨酱、白糖、老抽、水淀粉稍炒，起锅倒在五花肉上即可。

香芋扣肉煲

材料

五花肉450克，芋头300克

调料

腐乳10克，蒜泥、花生油、白糖、八角末、花生油、食盐、老抽、淀粉各适量

做法

❶ 芋头煮熟后去皮洗净，切片。

❷ 五花肉洗净煮熟，沥干，放入油锅煎炒至金黄色盛出，切片后肉皮朝上，与芋头相间排放于煲中。

❸ 将蒜泥、腐乳、食盐、八角末、白糖和老抽调成味汁，再用淀粉勾芡，倒入煲中，烧熟即可。

四川熏肉

材料

五花肉1000克，茶叶、葱末、姜末各适量

调料

柏树枝、食盐、花椒、料酒、香油各适量

做法

❶ 肉洗净，用食盐、花椒、葱末、姜末、料酒腌渍半小时。

❷ 净锅烧热，倒肉及其他调料，烧开，焖煮至熟。

❸ 再加入柏树枝、茶叶，小火温熏，待肉上色后，捞出晾凉，切片，淋入香油装盘即可。

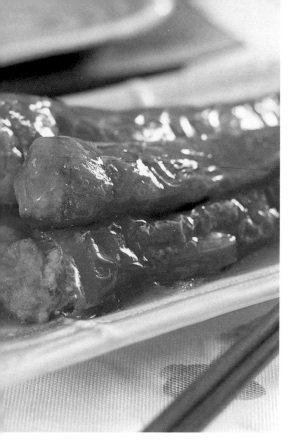

红椒酿肉

材料

泡鲜红椒500克，猪肉末300克，虾米15克，鸡蛋1个，蒜瓣50克

调料

食盐5克，味精3克，淀粉适量

做法

1. 虾米洗净剁碎，加入猪肉末、鸡蛋、味精、食盐、淀粉调成馅。
2. 泡红椒在蒂部切口去瓤，填入肉馅，用湿淀粉封口，炸至八成熟捞出。
3. 泡椒码入碗内，撒上蒜瓣上笼蒸透，原汁加入食盐、味精勾芡淋在红椒上即可。

咸鱼蒸肉饼

材料

肉末300克，咸鱼30克，姜、葱各5克

调料

食盐2克，味精3克

做法

1. 咸鱼洗净，切成碎粒；姜、葱洗净，均切末；肉末加入食盐、味精拌匀。
2. 取一平底碗，将肉末盛入碗中，上按咸鱼粒。
3. 将咸鱼肉饼入锅中蒸熟，取出，撒上姜末、葱花即可。

酱肉蒸春笋

材料

春笋200克，猪腿肉400克，红椒片适量

调料

食盐、料酒、白糖、花椒各适量

做法

❶ 白糖、花椒加水煮开调成味汁；猪腿肉洗净，放入调味汁中密封腌渍，放在通风处晾干制成酱肉，切片；春笋洗净切片。

❷ 春笋片摆盘，酱肉片盖在笋片上，烹入料酒，撒上红椒、食盐，上锅隔水蒸熟即可。

荷香糯米蒸肉

材料

五花肉500克，糯米、荷叶各适量

调料

白糖、老抽、食盐各适量

做法

❶ 五花肉洗净，切片；糯米洗净，浸泡至软，入锅煮熟。

❷ 将五花肉、糯米、白糖、老抽、食盐拌匀，用洗净的荷叶包好，放入盘中，入锅蒸熟。

腐乳肉

材料

五花肉500克，腐乳30克，上海青250克

调料

葱末、料酒、鸡精、白糖、花生油、淀粉各适量

做法

❶ 将腐乳压成泥，加入白糖、料酒、淀粉及少量清水调匀成腐乳汁。

❷ 五花肉洗净，切片，加入鸡精、白糖、料酒和淀粉搅匀待用；上海青洗净烫熟，摆盘待用。

❸ 炒锅上火注油烧热，下入葱末爆香，再放入肉片炒散，加入腐乳汁烧至浓稠时，淋入少许熟油，出锅装盘即可。

棒渣肉

材料

五花肉400克，南瓜600克，蒸肉粉150克，玉米糁100克

调料

料酒、老抽、甜面酱、辣豆瓣酱、白糖、花生油、蒜末各适量

做法

❶ 五花肉洗净、去皮，切成厚片，加所有调料调匀，腌渍半小时。

❷ 南瓜洗净、去皮，并将瓜瓤刮净后切厚片。

❸ 将蒸肉粉与玉米糁拌入五花肉中，均匀地裹上一层，入锅，南瓜块围边，以大火蒸半小时，取出淋入熟油即可。

农家四碗

材料

五花肉200克，红椒50克，蒜苗20克

调料

食盐3克，鸡精2克，花生油、老抽、陈醋各适量

做法

❶ 五花肉洗净切片；蒜苗洗净切段；红椒去蒂洗净切丝。

❷ 五花肉放入热油锅中炸至皮起皱，沥油后加入食盐、老抽、陈醋拌匀装盘，放入蒸锅中蒸熟，取出。

❸ 油烧热，放入蒜苗、红椒翻炒至熟，调入食盐和鸡精调味，铺在肉片上即可。

脆笋酱椒肉

材料

带皮五花肉400克，竹笋300克，酸菜100克，红椒圈、香菜段各适量

调料

食盐、香油、鸡精各适量

做法

❶ 竹笋洗净，切片，焯水后捞出装盘；带皮五花肉洗净，入开水锅中蒸至八成熟，捞出放在竹笋上；酸菜洗净，剁碎，放在五花肉上。

❷ 将食盐、香油、鸡精调成味汁，淋在五花肉上，入蒸锅蒸熟，撒上红椒圈和香菜段即可。

望乡烧白

材料

带皮五花肉400克，梅菜150克，葱花、香菜段各适量

调料

食盐、老抽、白糖、辣椒粉各适量

做法

1. 带皮五花肉洗净，入沸水锅中煮至七成熟，取出，入油锅炸至表皮呈红色，取出待凉，切片。
2. 梅菜洗净，铺盘底，将五花肉放在梅菜上，加入食盐、老抽、辣椒粉、白糖，入蒸锅蒸熟。
3. 最后撒上葱花和香菜段即可。

甜烧白

材料

带皮五花肉400克

调料

老抽、料酒、花生油、白糖各适量

做法

1. 将带皮五花肉洗净，入开水锅中煮至七成熟，取出，抹上老抽上色，入油锅炸熟，取出待凉后切片，摆入盘中。
2. 五花肉加少许料酒、白糖拌匀，最后入蒸锅蒸熟即可。

咸烧白

材料

五花肉200克，芽菜30克，姜末、葱粒各适量

调料

食盐5克，味精3克，鸡精3克，生抽、花生油、糖色各适量

做法

❶ 五花肉洗净；芽菜洗净切碎。

❷ 起油锅，入五花肉炸至棕红色捞出，入温水中浸泡，皮回软后切片。

❸ 肉片放入容器，再入糖色、味精、鸡精、生抽、食盐拌匀，摆入蒸碗，碎芽菜加姜末、葱粒后拌匀，放于肉上面，蒸熟取出，扣于盘中即可。

农家烧白

材料

带皮五花肉500克

调料

老抽、花生油、食盐各适量

做法

❶ 将五花肉洗净，入开水中煮至七成熟，取出，用老抽涂抹上色，入油锅炸至红色，捞出，切片。

❷ 将五花肉抹上食盐，上蒸锅蒸熟即可。

147

虎皮扣肉

材料

五花肉450克，葱段30克，姜片30克

调料

食盐5克，味精2克，老抽、料酒、花生油、白砂糖、水淀粉各适量

做法

① 五花肉洗净。

② 油锅烧热，将肉皮炸至起皱，捞起切大片。

③ 皮朝下放入蒸碗内，放入食盐、味精、葱段、姜片、老抽、料酒、白砂糖，倒入高汤用大火蒸30分钟，至肉酥烂，将葱和姜拣出，将肉复扣在盘子内，加入淀粉在高汤内勾芡，淋于肉上即可。

南乳扣肉

材料

五花肉300克，芋头300克，葱花、姜片、蒜末各适量

调料

食盐5克，味精2克，花生油、南乳、老抽、白糖、高汤各适量

做法

① 五花肉洗净，煮熟，在皮上抹上老抽，皮向下放入热油锅中炸上色，入凉水浸泡，切片；芋头洗净切片，炸熟。

② 油锅烧热，下入葱花、姜片、蒜末炒香，入南乳、五花肉炒片刻，倒入高汤、食盐、味精、老抽、白糖炖煮。

③ 把烧好的肉捞出，与芋头片相间码在碗中，倒入原汤，蒸熟即可。

农家扣肉

材料

五花肉500克，干梅菜适量，姜片30克，葱花、蒜末各适量

调料

食盐5克，味精2克，老抽、料酒、白糖、水淀粉各适量

做法

❶ 五花肉洗净。

❷ 肉皮上抹上老抽，晾干，炸至肉皮变色，捞出控油，切片，将肉皮朝下码在碗中，再铺上切碎的干梅菜。

❸ 把老抽、料酒、食盐、味精、白糖、姜片、蒜末混合后，浇在干梅菜上，用大火蒸30分钟，扣盘撒上葱花即可。

芽菜扣肉

材料

五花肉250克，芽菜300克，生菜少许

调料

食盐6克，味精2克，老抽、花生油、料酒、白糖、花椒各适量

做法

❶ 五花肉洗净煮熟，沥干，在肉皮上抹上老抽和白糖。油锅烧热，将五花肉的肉皮炸至金黄色捞出，放入凉水中浸泡，切片，肉皮朝下贴碗底放好。

❷ 芽菜洗净，平铺在肉上。将食盐、味精、老抽、料酒、白糖和花椒调匀，淋在芽菜上，蒸熟后扣在洗净的生菜叶上即可。

乡巴佬扣肉

材料

五花肉450克

调料

食盐5克，味精2克，老抽、花生油、蚝油、料酒、白糖各适量

做法

❶ 五花肉洗净切片，用食盐、老抽、料酒拌匀装盘，放入蒸锅中蒸熟，取出。

❷ 油烧热，下五花肉炸至红色，捞出沥油，装盘。

❸ 锅中加入白糖、味精、蚝油调成酱汁，淋在肉片上即可。

农家扣碗

材料

五花肉300克，土豆300克，白菜少许

调料

食盐5克，味精2克，老抽、花生油、料酒、白砂糖、水淀粉各适量

做法

❶ 五花肉洗净煮熟，沥干，在肉皮上抹上老抽和白糖；油锅烧热，将五花肉的肉皮炸至呈金黄色捞出，放入凉水中浸泡，捞起沥干水分，切大片，肉皮朝下贴碗底排列放好。

❷ 土豆洗净切块，抹上食盐，铺在肉上。

❸ 把所有调料调成汁淋在土豆上，蒸熟，取出扣在洗好的白菜上即可。

京味豆腐扣肉

材料

五花肉500克，豆腐300克，生菜少许，姜片适量

调料

食盐6克，味精2克，花生油、老抽、蚝油、料酒、白糖、水淀粉各适量

做法

❶ 五花肉洗净，加入姜片和料酒入沸水中煮熟，沥干，在肉皮上抹老抽和白糖，入油锅，将其炸至金黄色捞出，控油，冷却后切成薄片，装盘。

❷ 豆腐洗净，切块，放在肉上，把所有调料调成汁，淋在豆腐上蒸熟，扣在洗净的生菜上即可。

茄干扣肉

材料

五花肉400克，茄子干200克，葱段、干辣椒段各适量

调料

食盐、老抽、花生油、蜂蜜各适量

做法

❶ 茄子干洗净，装入盘内；五花肉洗净，切块，抹上食盐、老抽及蜂蜜，入油锅炸至金黄色，捞出，置于盘中的茄干上。

❷ 将茄干、五花肉入锅蒸熟，取出；将干辣椒与葱段入油锅稍炒，捞出淋在肉块上即可。

四川扣肉

材料

五花肉500克，菜干200克，香菜少许，辣椒50克

调料

食盐5克，味精2克，老抽、麻油、香油、花生油、红油、花椒、料酒、白糖、水淀粉各适量

做法

❶ 香菜洗净；五花肉洗净氽水，沥干，在肉皮上抹上白糖和老抽上色，入油锅中炸至金黄色，切厚片摆在碗底。

❷ 菜干洗净铺放在五花肉上，把所有调料调匀淋在菜干上，蒸熟扣盘，用香菜点缀即可。

秘制扣卤肉

材料

五花肉500克，大白菜适量，蒜瓣适量

调料

食盐5克，味精2克，八角、草果、桂皮、花椒粒、老抽、料酒、花生油、白糖、水淀粉各适量

做法

❶ 大白菜洗净撕片，放在煲底；五花肉洗净切片，摆在大白菜上，淋少许花生油入蒸锅蒸熟，取出。

❷ 将所有调料入锅中调成味汁均匀地淋在肉上即可。

女儿红扣肉

材料

五花肉500克，梅菜300克

调料

食盐5克，味精2克，花生油、老抽、蚝油、香油、料酒、白糖、水淀粉各适量

做法

❶ 五花肉洗净，入沸水中煮熟，沥干，在肉皮上涂抹老抽和白糖，入油锅，炸至金黄色捞出沥油，切片，肉皮朝下贴碗底排列放好。

❷ 梅菜泡发洗净，捞起沥干，铺放在肉上；将所有调料调成汁，淋在梅菜上，蒸熟扣盘即可。

黄花扣肉

材料

五花肉500克，黄花菜300克

调料

食盐5克，味精2克，花生油、老抽、蚝油、香油、料酒、白糖、水淀粉各适量

做法

❶ 五花肉洗净，入沸水中煮熟，沥干，切片放入碗中；黄花菜洗净，放在五花肉上。

❷ 起油锅，将所有调料炒匀淋在黄花菜上。

❸ 一起入蒸锅蒸熟，取出扣盘即可。

馒头扣肉

材料

五花肉500克，梅干菜250克，小馒头12个

调料

食盐5克，味精2克，老抽、白糖各适量

做法

❶ 五花肉洗净，加入食盐、味精、老抽和白糖卤制熟，入冰箱冻凉。

❷ 将冻好的肉切成连刀薄片，扣入碗中。梅干菜洗净，码在五花肉上，一起放入高压锅蒸20分钟。

❸ 将蒸透的肉放入盘内，将小馒头摆在盘边即可。

金牌扣肉

材料

五花肉500克，梅干菜250克，上海青200克，胡萝卜少许

调料

食盐5克，味精、老抽、蚝油、料酒、白糖、水淀粉各适量

做法

❶ 五花肉洗净，沥干，加入食盐、味精、老抽、蚝油、白糖和水淀粉卤制熟，入冰箱冻凉。上海青洗净；胡萝卜洗净，切片备用。

❷ 将冻好的肉切成连刀薄片，扣入碗中，梅干菜洗净，放入碗中，蒸熟，取出扣盘。

❸ 将上海青心、胡萝卜片围边装饰即可。

客家梅菜扣肉

材料

五花肉500克，干梅菜300克，葱花、蒜泥各适量

调料

食盐5克，白糖、八角末、花生油、老抽、淀粉等各适量

做法

❶ 五花肉洗净煮熟，放入凉水中浸泡，沥干水分，切薄片，放入油锅中煎炒至金黄色，肉皮朝下，放入碗中摆好。

❷ 干梅菜放入清水中泡软后捞起，沥干；放在肉上；将所有调料调成汁，淋在碗上，蒸熟，取出扣盘，撒上葱花即可。

豉香虎皮扣肉

材料

五花肉500克，豆豉200克，油豆腐、生菜各少许，葱花、红辣椒粒各适量

调料

食盐5克，味精2克，老抽、料酒、白砂糖、水淀粉各适量

做法

❶ 五花肉洗净，用沸水焯熟，沥干，在肉皮上涂抹一层老抽和白糖，入油锅煎炸至变色，肉皮朝下放在碗里，将油豆腐和豆豉放在肉上。

❷ 将所有调料调成汁，淋入碗中，上锅蒸熟扣盘。

❸ 生菜洗净后摆在盘边即可。

梅菜扣肉煲

材料

五花肉500克，梅菜200克，生菜少许

调料

食盐5克，味精2克，老抽、花生油、蚝油、料酒、白糖、水淀粉各适量

做法

1 五花肉洗净；梅菜洗净切碎。

2 起油锅，入五花肉炸至金黄后捞出控油，冷却后切大片装盘。

3 将所有调料调成味汁，均匀地淋在肉片上，入蒸锅蒸熟。生菜洗净，焯水后围在盘边即可。

梅菜肉夹膜

材料

五花肉550克，梅菜150克，馒头7个，葱花适量

调料

食盐5克，味精2克，花生油、老抽、蚝油、料酒、白糖、水淀粉各适量

做法

1 五花肉洗净；梅菜洗净切碎。

2 油烧热，把五花肉放入锅中炸至金黄后捞出，冷却后切片，肉皮朝下装盘。

3 把所有调料调成味汁，同梅菜一起浇在肉片上，入蒸锅中蒸熟，扣盘，摆上馒头即可。

Part4

腊味

——舌尖上的乡土味道

　　腊肉是指经腌渍后再烘烤或日光曝晒的肉。腊肉的防腐能力强，能延长保存时间，并增添特有的风味。腊肉中磷、钾、钠的含量丰富，还含有脂肪、蛋白质、碳水化合物等元素。本章为您精心挑选了用猪肉制作而成的腊味，让您胃口大开。

鲜毛豆腊肉粒

材料

腊肉200克，鲜毛豆200克，蒜末、干红辣椒各适量

调料

食盐3克，花生油适量，味精2克

做法

1. 腊肉洗净后，蒸熟后切粒；毛豆洗净后用开水焯烫。

2. 油锅烧热，爆香蒜末和干辣椒，下入鲜毛豆同炒至熟，加入腊肉粒翻炒。

3. 加入食盐和味精调味，起锅装盘即可。

腊八豆炒腊肉

材料

腊肉200克，腊八豆100克，西芹100克，蒜苗、葱段、红辣椒各适量

调料

食盐4克，味精2克，花生油适量

做法

1. 腊肉洗净蒸熟，切片；腊八豆洗净，用开水焯烫一下；西芹洗净切段；红辣椒洗净，切圈。

2. 油锅烧热，入西芹、红椒圈爆香，再加入腊八豆同炒，加入食盐和味精调味。

3. 加腊肉、蒜苗、葱段快炒一会儿，起锅装盘即可。

荷芹腊肉

材料

腊肉150克，荷兰豆200克，西芹150克，红辣椒适量

调料

食盐4克，鸡精3克，花生油、蚝油、香油各适量

做法

1. 腊肉洗净切片，荷兰豆洗净，择老荚；西芹洗净切段；红辣椒洗净切片。
2. 油锅烧热，下腊肉片炒至变色，盛起。下入荷兰豆、西芹和红辣椒爆炒至熟。
3. 将腊肉片放入锅内同炒，加入食盐、鸡精、蚝油、香油调味，起锅装盘即可。

西芹炒腊肉

材料

西芹150克，腊肉150克，红椒适量

调料

食盐3克，鸡精1克，花生油适量

做法

1. 将西芹洗净，切片，焯水；腊肉洗净，切片；红椒洗净，切片。
2. 热锅注油，下入腊肉片翻炒至六成熟，再下入西芹片、红椒片同炒至熟，调入食盐、鸡精翻炒均匀即可。

折耳根炒腊肉

材料

腊肉150克，折耳根80克，干辣椒、蒜苗各适量

调料

食盐、鸡精各2克，花生油、香油各适量

做法

① 腊肉洗净，煮熟，切片；干辣椒洗净，切圈；折耳根洗净切条；蒜苗洗净，切段。

② 热锅注油，放入干辣椒、蒜苗炒香，放入腊肉、折耳根同炒至熟。

③ 调入食盐、鸡精炒匀，淋入香油即可。

蚝油西芹炒腊肉

材料

腊肉150克，西芹200克，干红辣椒段适量

调料

食盐4克，味精2克，花生油、蚝油各适量

做法

① 腊肉洗净，切丁；西芹洗净，切断。

② 油锅烧热，将腊肉丁放入炒至五成熟，加入西芹和干红辣椒段同炒。

③ 加食盐、味精、蚝油调味，起锅装盘即可。

香芹炒腊肉

材料

香芹300克，腊肉100克，红椒适量

调料

食盐3克，鸡精1克，花生油适量

做法

① 将香芹洗净，切段；腊肉洗净，切片；红椒洗净，切丝。

② 热锅注油，下入腊肉片翻炒至八成熟，再下入芹菜段、红椒片同炒至熟，调入食盐、鸡精翻炒均匀即可。

四川腊肉

材料

腊肉300克，蒜苗200克

调料

食盐、味精各2克，蚝油、花生油各适量

做法

1. 腊肉洗净，切片；蒜苗洗净，切段。
2. 油锅烧热，入腊肉略炒，加入食盐、味精、蚝油调味。
3. 待熟，放入蒜苗炒香，起锅装盘即可。

峨家猪拱

材料

腊猪嘴300克，西葫芦200克

调料

食盐2克，花生油适量

做法

1. 腊猪嘴洗净，放入沸水中煮至软后，捞出切片；西葫芦洗净，切成长条。
2. 锅中注油烧热，下入西葫芦炒至断生，加入食盐调味。
3. 加入腊猪嘴，一同炒熟即可。

尖椒腊肉

材料

腊肉300克，尖椒200克，红辣椒100克

调料

食盐3克，鸡精3克，蚝油、花生油各适量

做法

1. 腊肉洗净，切片；尖椒洗净，切片；红辣椒洗净，切片。
2. 油锅烧热，放入腊肉炒至变色，加入尖椒、红辣椒爆炒一会儿。
3. 加入食盐、鸡精和蚝油调味，起锅装盘即可。

苦笋炒腊肉

材料
腊肉200克，苦笋100克，红椒、蒜苗各适量
调料
食盐、味精、花生油、料酒各适量
做法

1. 腊肉用温水浸泡后洗净，切片；苦笋焯水后洗净，切片；红椒洗净，对切；蒜苗洗净，切段。
2. 油锅烧热，入红椒、蒜苗段炒香，再倒入腊肉片煸炒至出油，加入苦笋片同炒片刻。
3. 调入食盐、味精、料酒炒匀即可。

尖椒冬笋炒腊肉

材料
腊肉150克，冬笋80克，青椒、红椒各适量
调料
食盐、味精、花生油、料酒、香油各适量
做法

1. 腊肉用温水浸泡后洗净，切片；青椒、红椒均洗净，切条；冬笋洗净，焯水后切条。
2. 油锅烧热，入青椒、红椒炒香，放入腊肉、冬笋同炒至熟。
3. 调入食盐、味精、料酒炒匀，淋入香油即可。

湘笋炒腊肉

材料

腊肉、湘笋各250克，红椒、蒜苗各适量

调料

食盐2克，味精2克，花生油、红油各适量

做法

1. 腊肉泡洗净，切薄片；湘笋洗净，切段，焯熟；红椒、蒜苗均洗净，红椒切圈，蒜苗切段。
2. 油锅烧热，倒入腊肉煸炒，再倒入湘笋、红椒、蒜苗同炒。
3. 加入食盐、味精调味，淋入红油，起锅装盘即可。

干笋炒腊肉

材料

腊肉300克，干笋200克，葱、青椒、红椒各10克

调料

食盐3克，鸡精1克，料酒5毫升，花生油适量

做法

1. 腊肉洗净切片；干笋泡发，洗净，切碎；青椒、红椒洗净切块；葱洗净切段。
2. 净锅注油烧热，下入笋片、腊肉煸炒，加入青椒、红椒、葱段炒匀。
3. 加入食盐、料酒、鸡精炒入味，盛盘即可。

烟笋炒腊肉

材料

腊肉100克，烟笋300克，红椒、黄椒各20克

调料

鸡精2克，食盐3克

做法

1. 腊肉洗净，切薄片；烟笋泡发，洗净，切片；红椒、黄椒均洗净，切条。

2. 炒锅注油烧热，放入腊肉片煸炒至出油，捞出备用；锅底留油，放入烟笋片爆炒，倒入腊肉片翻炒，再加入红椒条、黄椒条炒匀。

3. 加入适量食盐和鸡精，装盘即可。

苗家笋炒腊肉

材料

腊肉300克，苗家笋250克，红椒、青椒、干红辣椒各适量

调料

食盐2克，味精2克，花生油适量

做法

1. 腊肉、苗家笋泡洗净，腊肉切薄片，苗家笋切段；青椒、红椒洗净，切片；干红辣椒洗净，切段。

2. 油锅烧热，加入腊肉煸炒，放入苗家笋、青椒、红椒、干红辣椒同炒片刻。

3. 加入食盐、味精调味，待熟，起锅装盘即可。

笋干腊肉

材料

腊肉250克，笋干200克，红椒、青椒各适量

调料

食盐2克，味精2克，花生油适量

做法

① 腊肉泡洗净，切薄片；笋干泡洗净，切段备用；青椒、红椒均洗净，切片。

② 油锅烧热，加入腊肉煸炒，后放入笋干、青椒和红椒同炒。

③ 加入食盐和味精炒入味，起锅装盘即可。

萝卜干炒腊肉

材料

萝卜干150克，腊肉100克，杭椒50克，红椒20克，花生仁20克，蒜片适量

调料

食盐、鸡精各2克，蒜片适量

做法

① 萝卜干、腊肉、杭椒、红椒洗净切片；花生仁洗净备用。

② 炒锅注油烧热，放入腊肉片煸炒至出油，捞出待用；锅留底油，放入红椒片、杭椒片、蒜片、花生仁炒香，再倒入萝卜干片爆炒，倒入腊肉一起翻炒。

③ 加少许食盐和鸡精，装盘即可。

韭菜豆干炒腊肉

材料

腊肉300克，豆干150克，韭菜200克，葱、红辣椒各适量

调料

食盐2克，味精2克，花生油、老抽各适量

做法

① 腊肉泡洗，切薄片；豆干洗净，备用；韭菜、葱均洗净，切段；红辣椒洗净，切丝。

② 油锅烧热，加入腊肉煸炒片刻，再下入韭菜和豆干翻炒，加入葱和红辣椒炒匀。

③ 加入食盐、味精和老抽调味，炒熟后起锅装盘即可。

茶香腊肉

材料

腊肉300克，青椒、红椒、铁观音各适量

调料

食盐2克，味精2克，花生油、老抽各适量

做法

① 腊肉泡洗，切薄片；青椒、红椒均洗净，切片；铁观音用少许沸水浸泡，备用。

② 油锅烧热，加入腊肉煸炒片刻，放入青椒、红椒同炒。

③ 加入食盐、味精和老抽调味，最后将泡好的铁观音倒入，炒入味即可。

香干炒腊肉

材料

腊肉200克，香干200克，蒜苗、红辣椒各适量

调料

食盐2克，味精2克，花生油、老抽各适量

做法

❶ 腊肉泡洗，切薄片；香干洗净，备用；蒜苗、红辣椒洗净，蒜苗切段，红辣椒切圈。

❷ 油锅烧热，加入腊肉煸炒，再下入蒜苗、红辣椒炒香，下入香干，加入食盐、味精和老抽调味，起锅装盘即可。

豆干炒腊肉

材料

豆干、腊肉各300克，红椒100克，葱15克

调料

食盐3克，味精1克，老抽10毫升，花生油适量

做法

❶ 腊肉洗净后用水煮好，捞出，切片；豆干洗净，切片；葱洗净切段；红椒洗净，切成大片。

❷ 油锅烧热，放入豆干片、红椒片，加入食盐、老抽翻炒，加入腊肉片炒匀。

❸ 出锅前加入味精、葱段炒匀，装盘即可。

黄瓜皮炒腊肉

材料

腊肉200克，干黄瓜皮150克，红辣椒、姜末、蒜苗各适量

调料

食盐3克，味精2克，蚝油、花生油各适量

做法

1. 腊肉洗净切片；干黄瓜皮泡发洗净；蒜苗洗净切段；红辣椒洗净切圈。
2. 油锅烧热，加入腊肉煸炒，下入姜末、蒜苗、红辣椒和黄瓜皮炒香。
3. 加入食盐、味精和蚝油调味，起锅装盘即可。

凉瓜酱腊肉

材料

腊肉200克，凉瓜250克，红辣椒、葱各适量

调料

食盐3克，鸡精3克，花生油、豆瓣酱各适量

做法

1. 腊肉泡洗，切薄片；凉瓜洗净，切片；葱洗净，切段；红辣椒洗净，切片。
2. 油锅烧热，加入腊肉煸炒，下入葱、红辣椒和凉瓜翻炒。
3. 加入食盐、鸡精和豆瓣酱炒至入味，起锅装盘即可。

山药炒腊肉

材料

腊肉200克，山药200克，青椒条、红椒条、野山椒条各适量

调料

食盐3克，花生油、鸡精各适量

做法

❶ 将腊肉洗净，切片；山药洗净，切条。

❷ 热锅注油，下入腊肉片翻炒至六成熟，再下入山药条、青椒条、红椒条、野山椒条同炒至熟，调入食盐、鸡精翻炒均匀即可。

芦荟腊肉

材料

腊肉250克，芦荟200克，红椒、青椒各适量

调料

食盐3克，味精3克，花生油、老抽各适量

做法

❶ 腊肉泡洗，切薄片；芦荟洗净，去皮，切条；青椒、红椒均洗净，切片。

❷ 油锅烧热，加入腊肉翻炒一会儿，倒入青椒、红椒和芦荟同炒。

❸ 加入食盐、鸡精和老抽调味，起锅装盘即可。

蒜苗干豆角腊肉

材料

腊肉300克，干豆角200克，干红椒、蒜苗各适量

调料

食盐3克，味精3克，花生油、老抽各适量

做法

❶ 腊肉泡洗净，切薄片；干豆角洗净，用水泡软；干红辣椒洗净，切小段；蒜苗洗净，切段。

❷ 油锅烧热，加入腊肉煸炒后盛起。下入干红辣椒、蒜苗和干豆角炒香。

❸ 加入食盐、味精和老抽调味，放入腊肉炒匀，起锅装盘即可。

干豆角炒腊肉

材料

腊肉250克，干豆角200克，大蒜20克，青、红椒各10克，蒜苗少许

调料

食盐3克，味精1克，生抽、料酒各5克，花生油适量

做法

❶ 腊肉洗净切片；干豆角泡发洗净切段；青、红椒洗净切圈；大蒜去皮洗净切片；蒜苗洗净切段。

❷ 油烧热，下入蒜片爆香，加入腊肉，调入生抽和料酒炒至变色，下入干豆角继续炒至断生，入青、红椒及蒜苗炒熟。

❸ 调入食盐和味精，起锅即可。

酸豆角炒腊肉

材料

腊肉、酸豆角各200克，青椒、红椒、青蒜、泡椒各适量

调料

食盐3克，鸡精、花生油、生抽各适量

做法

① 将腊肉洗净，切片；酸豆角洗净，切小段；青蒜洗净，切段；青椒、红椒洗净，切片。

② 热锅注油，下入腊肉片翻炒至六成熟，再下入酸豆角段、青椒片、红椒片、青蒜段、泡椒同炒至熟，调入食盐、鸡精、生抽翻炒均匀即可。

茶树菇炒腊肉

材料

干茶树菇300克，腊肉500克，红尖椒、蒜苗叶各10克

调料

花生油、生抽、料酒各3毫升

做法

① 干茶树菇泡发，洗净，切去根部；红尖椒洗净切碎；蒜苗叶洗净切段；腊肉洗净，切成薄片。

② 净锅注油烧热，下入腊肉片爆炒片刻，再倒入茶树菇、红尖椒和蒜苗叶一同翻炒。

③ 熟后，调入生抽、料酒，炒匀即可。

干蕨菜炒腊肉

材料

腊肉300克，干蕨菜200克，红辣椒、尖椒各适量

调料

食盐3克，味精3克，老抽、花生油各适量

做法

❶ 腊肉泡洗净，切薄片；干蕨菜洗净，用水泡软；红辣椒、尖椒均洗净，切圈。

❷ 油锅烧热，加入腊肉煸炒后，下入红辣椒、尖椒和干蕨菜炒香。

❸ 加入食盐、味精和老抽调味，起锅装盘即可。

蕨菜红椒炒腊肉

材料

蕨菜200克，腊肉100克，红椒50克

调料

食盐3克，鸡精2克，花生油适量

做法

❶ 蕨菜洗净，切段，焯水，沥干待用；腊肉洗净，切薄片；红椒洗净，切长条。

❷ 净锅置中火上，倒入适量花生油烧热，放入腊肉片煸炒至出油，捞出待用；锅底留油，放入蕨菜段爆炒，加入腊肉片和红椒条一起翻炒，加入适量食盐和鸡精即可。

熏菌腊肉

材料

腊肉250克，熏野山菌100克，青椒、红椒各适量

调料

食盐3克，老抽、料酒各4毫升，味精1克，花生油适量

做法

1. 腊肉洗净，沥干切片；熏野山菌洗净，泡发，沥干水分，切细丝；青椒、红椒均洗净，切丝备用。
2. 锅中注油烧热，下入腊肉，调入老抽和料酒翻炒至变色，下入野山菌炒至断生时，加入青椒丝、红椒丝。
3. 加入食盐和味精调味，炒匀盛盘即可。

茶树菇炒咸肉丝

材料

咸肉150克，茶树菇200克，胡萝卜、芹菜各100克

调料

食盐、味精各3克，香油、花生油各适量

做法

1. 咸肉洗净，切丝；茶树菇洗净；芹菜洗净，切段；胡萝卜洗净，切丝。
2. 油锅烧热，放入咸肉翻炒，放入茶树菇、胡萝卜、芹菜一起炒熟。
3. 调入食盐、味精、香油炒匀即可。

野山菌炒腊肉

材料

腊肉、野山菌各200克，青椒片、红椒片各适量

调料

食盐3克，花生油、鸡精、生抽各适量

做法

① 将腊肉洗净，切片；野山菌洗净。

② 热锅注油，下入腊肉片翻炒至六成熟，再下入野山菌、青椒片、红椒片同炒至熟，调入食盐、鸡精、生抽翻炒均匀即可。

山野菜炒腊肉

材料

腊肉250克，山野菜200克，红椒、青椒各适量

调料

食盐4克，味精3克，花生油、香油、老抽各适量

做法

① 腊肉泡洗，切薄片；山野菜洗净，用水泡软；红椒、青椒均洗净，切片。

② 油锅烧热，加入腊肉煸炒后盛起。下入红椒、青椒和山野菜爆炒。

③ 加入食盐、味精、香油、老抽调味，放入腊肉炒匀，起锅装盘即可。

山珍炒腊肉

材料

腊肉300克，口蘑250克，红椒、青椒各适量

调料

食盐3克，味精3克，花生油、老抽、香油各适量

做法

❶ 腊肉泡洗，切薄片；口蘑洗净，用沸水焯熟；红椒、青椒均洗净，切片。

❷ 油锅烧热，加入腊肉煸炒，下入红椒、青椒和口蘑爆炒。

❸ 加入食盐、味精、香油、老抽调味，起锅装盘即可。

腊肉牛肝菌

材料

腊肉250克，牛肝菌300克，红椒、青椒、大蒜各适量

调料

食盐3克，味精3克，花生油、香油、老抽各适量

做法

❶ 腊肉泡洗，切薄片；牛肝菌洗净，用沸水焯熟；红椒、青椒洗净，切片；大蒜去皮洗净。

❷ 油锅烧热，入大蒜炒香，放入腊肉翻炒片刻后再放入牛肝菌、青椒、红椒同炒至熟。

❸ 加入食盐、味精、香油、老抽调味，起锅装盘即可。

腊肉炒河粉

材料

腊肉250克，河粉150克，鸡蛋100克、虾仁适量，红椒、青椒各适量

调料

食盐4克，味精3克，花生油、红油、老抽各适量

做法

1. 腊肉泡洗，切薄片；红椒、青椒均洗净，切丝；鸡蛋打入碗内搅拌，备用。
2. 油锅烧热，加入腊肉煸炒后盛起。下入红椒、青椒、虾仁和鸡蛋翻炒，再放入河粉。
3. 加入食盐、味精、红油和老抽调味，放入腊肉炒匀，起锅装盘即可。

糍粑炒腊肉

材料

腊肉200克，糍粑150克，红椒、蒜苗各适量

调料

食盐、花生油各适量

做法

1. 腊肉用温水浸泡后洗净，切片；糍粑蒸软后切片；红椒洗净，切圈；蒜苗洗净，斜切成段。
2. 油锅烧热，放入糍粑稍煎，再倒入腊肉、红椒、蒜苗同炒片刻。
3. 调入食盐炒匀即可。

乡巴佬炒腊肉

材料

腊肉300克，锅巴130克，青椒、红椒各50克，熟芝麻适量

调料

食盐3克，鸡精2克，味精1克，生抽、料酒各4毫升，花生油适量

做法

① 腊肉洗净，沥干切片；青椒、红椒均洗净，切菱形块备用。

② 锅中注油烧热，下入腊肉，调入生抽和料酒翻炒至变色，下入锅巴和青椒、红椒同炒至熟。

③ 加入食盐、鸡精、味精和熟芝麻，炒匀即可。

香辣年糕炒腊肉

材料

腊肉200克，年糕250克，蒜苗、干红辣椒各适量

调料

食盐4克，味精3克，花生油、香辣酱、红油、老抽各适量

做法

① 腊肉泡洗净，切薄片；蒜苗洗净，切段。年糕切片，备用；干红辣椒洗净。

② 油锅烧热，加入腊肉煸炒，再下入干红辣椒、蒜苗和年糕翻炒，加水炖煮一会儿。

③ 加入食盐、老抽、味精、香辣酱和红油调味，起锅装盘即可。

豆花腊肉

材料

腊肉200克，嫩豆腐250克，蒜末、葱花各适量

调料

食盐3克，味精2克，老抽、花生油、红油各适量

做法

❶ 腊肉泡洗，切片；嫩豆腐用水稍冲洗，切成碎片。

❷ 油锅烧热，下入腊肉，加少许老抽和红油煸炒至熟后盛起放在盘中。

❸ 用剩余的油炒香蒜末，下入豆腐，加入食盐、味精、老抽、红油调味，煮熟后盛起，围放在腊肉旁，撒上葱花即可。

剁椒芋丸蒸腊肉

材料

腊肉200克，芋头丸子250克，剁椒、葱花各适量

调料

食盐3克，味精2克，老抽、花生油各适量

做法

❶ 腊肉泡洗，切薄片。芋头丸子入锅蒸热后放入盘中。

❷ 油烧热，放入食盐、味精、老抽、剁椒调煮成汁，淋在芋头丸子上。

❸ 放入腊肉煸炒至熟，加少许老抽调味，盛起放在装芋头丸子的盘上，撒入葱花即可。

腊肉炖玉米

材料

腊肉200克，玉米300克，干豆角200克，黄花菜150克，蒜末、胡萝卜片各适量

调料

食盐3克，味精2克，老抽、花生油、料酒各适量

做法

① 腊肉洗净切片；黄花菜洗净；干豆角泡发洗净，切段。

② 油锅烧热，下入蒜末、干豆角和黄花菜翻炒，再放入腊肉同炒片刻后，将玉米和胡萝卜片放入，加少许清水炖煮。

③ 约15分钟后，放入食盐、味精、料酒、老抽调味，起锅装盘即可。

重庆香腊肉

材料

腊肉200克，芝麻100克，馒头300克

调料

老抽、花生油、料酒和干红辣椒各适量

做法

① 腊肉泡洗，切小片；干红辣椒洗净。

② 油锅烧热，下入腊肉煸炒，加老抽、料酒和干红辣椒同炒。

③ 下入芝麻炒匀，起锅装盘，馒头蒸热后围放在盘上即可。

荷叶饼香腊肉

材料

腊肉300克，馒头300克，芝麻100克，蒜苗、小红辣椒、荷叶各适量

调料

食盐2克，味精2克，老抽、花生油、料酒各适量

做法

❶ 腊肉泡洗，切片；蒜苗洗净，切段；小红辣椒洗净备用。

❷ 油锅烧热，入芝麻炒香，放入腊肉炒至五成熟，下入蒜苗、小红辣椒和荷叶炒香，放入食盐、味精、老抽和料酒调味。

❸ 炒至入味，起锅装盘，馒头蒸热后围放在盘边上即可。

春饼葱香腊肉

材料

腊肉200克，春饼400克，熟花生300克，香菇、白萝卜各100克，青椒、红椒各适量

调料

食盐、老抽、花生油、蚝油、水淀粉各适量

做法

❶ 腊肉、白萝卜、青椒、红椒均洗净切丁。

❷ 油锅烧热，下入青椒、红椒、白萝卜、香菇和花生翻炒，加入食盐、老抽、蚝油调味。

❸ 下入腊肉煸炒至熟，加少许水淀粉勾芡，加盖炖煮一会儿起锅，春饼围放在盘边即可。

青笋腊肉钵

材料

腊肉200克，青笋350克，红辣椒适量

调料

食盐3克，味精2克，老抽、花生油、香油各适量

做法

❶ 腊肉泡洗净，切片；青笋洗净，去皮，切长片，放入沸水中焯熟；红辣椒洗净，切圈。

❷ 油锅烧热，下入腊肉煸炒，加少许老抽和红辣椒翻炒至熟，盛起放在盘中。

❸ 青笋下锅稍炒，加入食盐、味精、香油调味，起锅摆在腊肉周围即可。

茶油蒸腊肉

材料

腊肉400克，茶油20克，红椒、香葱各适量

调料

食盐、味精、陈醋、老抽、豆豉各适量

做法

❶ 腊肉洗净，切片；红椒洗净，切圈；香葱洗净，切花。

❷ 将腊肉片放入盘中，用食盐、味精、陈醋、老抽、茶油调成汁，浇在腊肉上，再撒上豆豉、红椒圈，放入蒸锅中蒸30分钟。

❸ 取出撒上葱花即可。

幸福圆满一品锅

材料

腊肉300克，西蓝花、油菜、鱼丸各200克，香菇100克，葱花15克

调料

料酒5毫升，高汤200毫升，白胡椒粉3克，花生油适量

做法

1. 腊肉洗净，煮10分钟后，捞出切薄片；西蓝花洗净，掰成小朵；油菜洗净；香菇洗净切片。

2. 净锅注油烧热，放入腊肉片煸炒出香味，加入香菇片，倒入料酒、高汤、鱼丸，煮沸后，加入西蓝花、油菜略煮。

3. 待熟后，倒入白胡椒粉调味，撒上葱花，出锅即可。

腊肉炖南瓜

材料

腊肉200克，南瓜300克，葱、蒜瓣各适量

调料

食盐3克，鸡精2克，花生油、豆豉各适量

做法

1. 腊肉泡洗净，切片；南瓜去皮，洗净，切块；葱洗净，切段。

2. 油锅烧热，下入腊肉煸炒至熟盛起。后倒入蒜瓣、葱和豆豉炒香，放入南瓜翻炒。

3. 加入食盐、味精调味，放入腊肉和少许清水炖煮一会即可。

腊肉炖竹笋

材料

腊肉200克，竹笋200克，豆角100克，红椒适量

调料

食盐3克，味精2克，老抽、花生油各适量

做法

1. 腊肉泡洗净，切条；竹笋洗净，切条，入沸水中焯熟；豆角洗净，切段；红椒洗净，切片。
2. 油锅烧热，下入腊肉煸炒至五成熟，放入竹笋和豆角同炒，加入食盐、味精、红椒、老抽炒匀。
3. 放入煲仔，加水加盖炖煮15分钟即可。

青菜煮腊肉

材料

腊肉300克，青菜250克，蒜末适量

调料

食盐2克，鸡精2克，花生油、老抽各适量

做法

1. 腊肉泡洗，切薄片；青菜洗净，备用。
2. 油锅烧热，下入腊肉，加入老抽煸炒至熟后盛起。下蒜末炒香，放青菜用大火翻炒，加入食盐和鸡精翻炒。
3. 将炒好的腊肉和青菜放入干锅，加水煮开即可。

干锅蚝油腊肉

材料

莴笋200克，腊肉100克，红辣椒10克，蒜苗10克，剁椒5克

调料

味精2克，花生油10毫升，蚝油5毫升，红油5毫升，料酒4毫升，胡椒粉2克，香油10毫升

做法

1 腊肉洗净改刀成片；莴笋洗净切菱形片；红辣椒洗净切碎备用。

2 锅置旺火上，把腊肉煸出香味，下入莴笋片、红辣椒、剁椒，旺火翻炒至莴笋片熟，下入蚝油、料酒、味精、胡椒粉，淋入红油，翻炒几下淋入香油出锅。

3 盛入小铁锅内，上酒精炉即可。

干锅腊肉莴笋

材料

腊肉200克，莴笋250克，蒜末、红辣椒各适量

调料

食盐2克，味精2克，老抽、花生油各适量

做法

1 腊肉泡洗，切片；莴笋去皮，洗净，切片；红辣椒洗净，切圈。

2 油锅烧热，下入腊肉，加少许老抽煸炒至熟后盛起，锅中留少许油，下入蒜末炒香，加入莴笋翻炒至熟。

3 加入食盐、味精和红辣椒调味，加入腊肉炒匀后即可。

冬笋片炒香肠

材料

冬笋、香肠各300克，青椒、红椒各10克，葱段10克

调料

料酒5毫升，白糖、食盐各3克，花生油适量

做法

1. 冬笋洗净，切片，焯烫捞出；香肠切片；青椒、红椒洗净，切小块。
2. 净锅注油烧至七成热时，下入香肠煸炒片刻，随即放入冬笋一起煸炒，加入料酒炒香后，倒入青椒、红椒块、葱段炒至断生。
3. 加入白糖、食盐炒至入味，起锅即可。

湘西干锅莴笋腊肉

材料

莴笋300克，腊肉350克，青椒、红椒各20克

调料

料酒6毫升，味精1克，红油10毫升，花生油适量

做法

1. 腊肉洗净，切成片；莴笋去皮，洗净，切长条；青椒、红椒均洗净，切成小圈。
2. 净锅烧热，放入腊肉煸出香味后，下入莴笋片、青椒、红椒圈，用旺火翻炒至莴笋片至熟。
3. 加入料酒、味精，淋入红油调味，出锅即可。

腊肉香干煲

材料

腊肉250克，香干200克，生菜250克，蒜苗30克，红辣椒1个

调料

食盐3克，味精3克，花生油适量

做法

1. 腊肉洗净，切薄片；香干洗净，切三角块；生菜洗净；蒜苗洗净，切段；红辣椒洗净，切圈。
2. 炒锅注油烧热，下入蒜苗、红椒圈爆香，再下入腊肉、香干，大火煸炒熟后，加入食盐、味精调味。
3. 把腊肉、香干盛出，与生菜一起装入砂锅即可。

干锅小笋腊肉

材料

腊肉、小笋各250克，青椒、红椒、蒜苗各适量

调料

食盐、鸡精各2克，老抽、花生油、蚝油、红油各适量

做法

1. 腊肉泡洗净，切片；小笋洗净，焯熟，切段；青椒、红椒洗净，切片；蒜苗洗净，切段。
2. 油锅烧热，下入腊肉，加入老抽和红油煸炒，再放入青椒、红椒和小笋同炒。
3. 加入食盐、鸡精、蚝油和蒜苗调味即可。

干锅西葫芦腊肉

材料
腊肉200克，西葫芦300克，红辣椒、蒜苗各适量

调料
食盐、味精各2克，老抽、花生油、红油各适量

做法

① 腊肉泡洗，切片；西葫芦洗净，切片；红辣椒洗净，切圈；蒜苗洗净，切段。

② 油锅烧热，下腊肉略炒，再放入西葫芦翻炒片刻，加入食盐、味精、老抽、红油调味，待熟，放入红辣椒、蒜苗略炒，装盘即可。

莲藕炒腊肉

材料
腊肉250克，莲藕300克，干红辣椒、青椒、芝麻各适量

调料
食盐、味精各2克，老抽、花生油、红油各适量

做法

① 腊肉泡洗净，切薄片；莲藕洗净，去皮，切片；青椒洗净，切片；干红辣椒洗净切段。

② 油锅烧热，下入腊肉，加入老抽和红油煸炒，下青椒、干红辣椒和莲藕同炒。

③ 加入食盐、味精调味，加入芝麻炒匀即可。

苦瓜炒腊肠

材料

苦瓜200克，腊肠150克

调料

食盐2克，鸡精2克，白糖3克，水淀粉、花生油各适量

做法

1. 将苦瓜洗净，切片，焯水；腊肠用温水洗净，切片。
2. 炒锅置中火上，放入腊肠片煸炒至九成熟，加入苦瓜片一起翻炒，加少许食盐和白糖炒匀。
3. 最后加入鸡精，用水淀粉勾芡，出锅即可。

青城老腊肠

材料

腊肠400克，大蒜、青椒、红椒各适量

调料

食盐4克，味精2克，老抽10克，花生油各适量

做法

1. 腊肠洗净，切片；大蒜洗净，切块；青椒、红椒均洗净，切片。
2. 锅中注油，用大火烧热，放入蒜片稍炒，倒入腊肠炒至变色，再下入青椒、红椒炒匀。
3. 炒至熟时加入食盐、味精、老抽调味，起锅装盘即可。

小炒腊肠

材料

腊肠300克，红椒、青椒各适量

调料

食盐2克，老抽、花生油各适量

做法

① 腊肠洗净，斜切片；红椒、青椒洗净，切圈。

② 油锅烧热，入腊肠炒至五成熟，再放入青椒、红椒同炒至熟。

③ 加少许老抽、食盐调味，起锅装盘即可。

回锅腊肠

材料

腊肠400克，蒜苗30克，红椒15克

调料

食盐3克，味精1克，老抽10克，红油少许，花生油适量

做法

① 腊肠洗净，入沸水中煮熟，切片备用；蒜苗、红椒洗净，切片。

② 炒锅注油烧热，放入煮熟的腊肠翻炒，再放入蒜苗、红椒一起炒匀。

③ 倒入老抽、红油炒匀，加入食盐、味精调味，起锅装盘即可。

扁豆炒腊味

材料

腊肠300克，扁豆80克，芹菜50克，姜10克

调料

食盐3克，花生油、味精、香油各适量

做法

① 腊肠放入沸水中煮熟，切片；扁豆去筋洗净；芹菜、姜洗净切片。

② 油锅上火，入姜片爆香，倒入扁豆、芹菜，加入食盐翻炒，再放入腊肠，翻炒片刻，放入味精，淋入香油即可装盘。

荷芹炒腊味

材料

腊肉300克，荷兰豆80克，芹菜、胡萝卜各50克

调料

食盐3克，味精、料酒、花生油、香油各适量

做法

① 腊肉洗净切片；荷兰豆去筋洗净；芹菜、胡萝卜洗净切片。

② 油锅上火，放入腊肉，加入料酒翻炒，再倒入荷兰豆、胡萝卜、芹菜炒至断生，加入食盐、味精、香油炒匀，起锅装盘即可。

荷塘锦绣炒腊味

材料

腊肉200克，荷兰豆100克，藕80克，胡萝卜20克，芹菜20克

调料

食盐3克，花生油、味精、料酒、香油各适量

做法

❶ 腊肉洗净切薄片，荷兰豆去筋洗净；藕、胡萝卜、芹菜均洗净，切片。

❷ 油锅上火，放入腊肉炒至变色，再倒入荷兰豆、胡萝卜片、藕片、芹菜，翻炒片刻后加入食盐、料酒、味精调味，淋入香油装盘即可。

家乡风味小炒

材料

腊肉200克，芥蓝30克，腰果20克，玉米粒100克，香菇20克，红椒10克

调料

食盐3克，花生油、味精、料酒、香油各适量

做法

❶ 腊肉洗净切薄片；玉米粒、腰果洗净；芥蓝洗净斜切段；香菇、红椒洗净切片。

❷ 油锅上火，放入腊肉，加入料酒翻炒，再放入芥蓝、腰果、玉米粒、香菇、红椒，加入食盐翻炒片刻，加少量清水。

❸ 待汤汁煮干，放入味精，淋入香油即可。

腊味香芹豆干

材料

腊肉200克，豆干100克，芹菜50克，红椒10克

调料

食盐3克，花生油、味精、料酒、香油各适量

做法

❶ 腊肉洗净切条；豆干洗净切片；芹菜洗净切段；红椒洗净切条。

❷ 起油锅，放入腊肉，加入料酒翻炒，再放入芹菜、豆干和红椒同炒。

❸ 熟时加入味精、食盐调味，淋入香油即可。

腊肠小炒皇

材料

腊肠200克，胡萝卜100克，榨菜50克，韭花100克，红椒50克，洋葱40克

调料

食盐3克，花生油、味精、料酒、香油各适量

做法

❶ 腊肠洗净煮熟，去外皮切条；榨菜、胡萝卜、洋葱、红椒洗净切条；韭花洗净切段。

❷ 油锅上火，放入腊肠，加入料酒翻炒，再放入榨菜、胡萝卜、红椒、洋葱、韭花，加入食盐翻炒片刻。

❸ 炒熟时放入味精，淋入香油即可。

鸡汁脆笋炒腊味

材料

腊肠200克，竹笋200克，青椒50克，红椒50克，大蒜40克

调料

食盐3克，花生油、味精、料酒、鸡汁各适量

做法

① 腊肠洗净，煮熟，切条；竹笋洗净切条；青椒、红椒均洗净切圈；大蒜洗净切段。

② 油锅上火，倒入腊肠，加料酒翻炒，再倒入青椒、红椒、竹笋，加入少量食盐，淋鸡汁。

③ 翻炒几下，放入味精出锅即可。

双花烩展

材料

西蓝花、花菜各150克，香肠、腊肉各80克，葱白段适量

调料

食盐、老抽、花生油、料酒各适量

做法

① 西蓝花、花菜均洗净掰成朵，焯熟摆盘；香肠、腊肉均洗净切片；将老抽、料酒、食盐加入适量开水调成味汁。

② 油锅烧热，下入香肠、腊肉同炒，再加入葱白翻炒，起锅置于花菜上，淋入味汁即可。

腊味炒花菜

材料

腊肠300克，花菜100克，洋葱30克，胡萝卜10克

调料

食盐3克，花生油、味精、香油各适量

做法

❶ 腊肠洗净切片；花菜洗净掰成小朵；洋葱、胡萝卜洗净切片。

❷ 油锅上火，放入腊肠翻炒片刻，再倒入花菜、胡萝卜、洋葱，加入少许食盐。

❸ 炒熟时放入味精和香油即可。

山珍炒腊味

材料

腊肉200克，腊肠、西蓝花、胡萝卜、白萝卜各适量

调料

食盐3克，花生油、料酒、香油各适量

做法

❶ 胡萝卜、白萝卜、腊肉、腊肠均洗净切片；西蓝花洗净掰小朵。

❷ 把两种萝卜、西蓝花放入开水中焯烫一下，捞出沥干；油锅上火，放入腊肉、腊肠，加入料酒翻炒，再放入西蓝花、白萝卜、胡萝卜，加少许食盐。

❸ 炒熟后淋入香油即可。

荔蓉腊味西蓝花

材料

腊肉180克，西蓝花150克，荔蓉适量

调料

食盐3克，鸡精2克，老抽、花生油各适量

做法

❶ 腊肉洗净，切丁；西蓝花洗净，掰成小朵。

❷ 净锅入水烧开，放入西蓝花氽熟后，捞出沥干摆盘。

❸ 热锅注油，放入腊肉翻炒，加入食盐、鸡精、老抽调味，炒熟后盛在西蓝花上，淋入荔蓉即可。

腊味白菜条

材料

腊肉150克，白菜梗300克，青椒20克，红椒20克

调料

食盐3克，花生油、味精、胡椒粉、香油各适量

做法

❶ 腊肉、白菜梗、青椒、红椒均洗净切条。

❷ 油锅上火，倒入青椒、红椒、腊肉，翻炒片刻后再倒入白菜梗，加入食盐和胡椒粉。

❸ 待熟，放入味精，淋入香油即可。

竹笋炒腊味

材料

腊肉400克，竹笋100克

调料

食盐3克，味精3克，花生油、胡椒粉、料酒各适量

做法

1 腊肉洗净切片；竹笋洗净切斜片。

2 油锅上火，放入腊肉翻炒片刻，再放入竹笋，加入食盐、料酒、胡椒粉调味。

3 炒熟后放入味精炒匀即可。

南瓜莴笋炒腊味

材料

腊肉250克，莴笋、莲藕、南瓜各100克，红椒适量

调料

食盐3克，鸡精2克，陈醋、花生油各适量

做法

1 腊肉、莲藕、红椒均洗净切片；莴笋去皮洗净切片；南瓜洗净切片。

2 热锅注油，放入腊肉滑炒片刻，再放入莴笋片、红椒、莲藕、南瓜一起炒，加入食盐、鸡精、陈醋调味，稍微加点清水，待熟盛盘即可。

铁板腊味莴笋片

材料

腊肉200克，莴笋200克，红椒适量

调料

食盐3克，鸡精2克，陈醋、花生油各适量

做法

❶ 腊肉泡发洗净，切片；莴笋去皮洗净，切片；红椒去蒂洗净，切片。

❷ 热锅注油，放入腊肉滑炒片刻，再放入莴笋片、红椒一起炒，加入食盐、鸡精、陈醋调味。

❸ 待熟，盛入铁板烧一会儿即可。

腊味合蒸

材料

腊五花肉500克，西红柿、黄瓜各适量，红椒、葱各10克

调料

食盐3克，老抽、红油、陈醋各适量

做法

❶ 腊五花肉泡发洗净，切片；西红柿洗净，切条；黄瓜洗净，切片；红椒去蒂洗净，切末；葱洗净，切花。

❷ 将腊五花肉摆好盘，加入食盐、老抽、陈醋、红油调味，撒上红椒、葱花，入蒸锅蒸熟后取出，用西红柿、黄瓜摆好盘即可。

腊味三蒸

材料

腊肉400克，西蓝花200克，干红辣椒20克

调料

食盐3克，花生油、豆豉、鸡精、老抽、陈醋各适量

做法

1. 腊肉泡发洗净，切块，摆好盘；西蓝花洗净，掰成小朵，摆好盘；干红辣椒洗净，切碎。
2. 热锅注油，放入干红辣椒炒香，加入食盐、鸡精、老抽、陈醋、豆豉炒匀，盛在腊肉上。
3. 将盘子放入蒸锅，蒸熟后，取出即可。

腊味西蓝花

材料

腊五花肉200克，西蓝花250克

调料

食盐3克，鸡精2克，老抽、陈醋各适量

做法

1. 腊五花肉泡发洗净，切片；西蓝花洗净，掰成小朵。
2. 将西蓝花摆好盘，入蒸锅蒸熟后，取出。
3. 热锅注油，放入五花肉煸炒，加入食盐、鸡精、老抽、陈醋调味，炒熟后盛在西蓝花上即可。

香芋南瓜蒸腊味

材料

香肠、腊肉各150克，香芋、南瓜各200克

调料

食盐3克，香油适量

做法

① 香肠洗净，切片；腊肉洗净，切块；香芋去皮洗净，切块；南瓜去皮、籽洗净，切块。

② 将香芋、南瓜加食盐腌渍一会儿，摆好盘，再将香肠、腊肉摆在上面，一起入蒸锅，蒸熟后取出，淋入香油即可。

腊肉梅菜蒸芥蓝

材料

腊肉200克，芥蓝200克，梅菜、红椒各适量

调料

食盐3克，鸡精2克，花生油、老抽、陈醋各适量

做法

① 腊肉泡发洗净，切丁；芥蓝洗净，切段，摆好盘；梅菜洗净，切碎；红椒去蒂洗净，切圈。

② 热锅注油，放入腊肉、梅菜翻炒，加入食盐、鸡精、老抽、陈醋调味，炒至八成熟，盛在芥蓝上，一起入蒸锅，蒸熟后取出，用红椒点缀即可。

腊肉白菜包

材料

腊肉250克，白菜适量，葱10克，蒜10克

调料

食盐3克，鸡精、香油各适量

做法

1. 腊肉泡发洗净，切末；白菜洗净；葱洗净，切花；蒜去皮洗净，切末。
2. 将腊肉加入食盐、葱、蒜、鸡精、香油拌匀，用白菜叶包成白菜包备用。
3. 将白菜包摆好盘，入蒸锅蒸熟后，取出，淋入香油即可。

菜心蒸腊味

材料

香肠、腊肉各200克，菜心100克

调料

老抽、陈醋、香油各适量

做法

1. 香肠、腊肉均泡发洗净，切片；菜心洗净备用。
2. 净锅入水烧开，放入菜心汆熟后，捞出沥干摆盘。
3. 将香肠、腊肉入蒸锅，蒸熟后，取出摆在菜心上，用老抽、陈醋、香油调味即可。

秘制腊肉

材料

腊肉400克

调料

香油8毫升

做法

① 腊肉洗净，切长片，沿盘边把肉一层一层叠起摆盘。

② 将装腊肉的盘子放入锅内，隔水蒸半小时。

③ 起锅时淋几滴香油即可。

腊肉蒸芋丝

材料

腊肉200克，芋头250克

调料

食盐3克，辣椒粉5克，香油适量

做法

① 腊肉泡发洗净，切丝；芋头去皮洗净，切丝。

② 将腊肉、芋头加入食盐、辣椒粉、香油一起搅匀，装好盘。

③ 放入蒸锅中，蒸熟取出即可。

笼仔腊味茶树菇

材料

腊肉200克，茶树菇250克，青椒、红椒各30克

调料

食盐3克，鸡精2克，老抽、陈醋各适量

做法

① 腊肉泡发洗净，切片；茶树菇泡发洗净；青椒、红椒均去蒂洗净，分别切丝、切末。

② 将腊肉与茶树菇，加入食盐、鸡精、老抽、陈醋拌匀，一起放入蒸笼，用青椒、红椒点缀。

③ 蒸笼置火上，蒸熟后取出即可。

腊味芋头煲

材料

腊肉、芋头、香肠、香菇、葱、胡萝卜各适量

调料

食盐3克、味精2克

做法

① 香肠、胡萝卜、腊肉均洗净切片；芋头去皮洗净切片；香菇泡发洗净；葱洗净切段。

② 净锅注水烧沸，下入腊肉、芋头、香肠、香菇，用大火煮沸，调入食盐、味精。

③ 煮熟起锅时撒入葱段即可。

大碗腊肉娃娃菜

材料

腊肉200克，娃娃菜300克，胡萝卜50克

调料

食盐3克，味精2克

做法

① 腊肉、胡萝卜均洗净，切片；娃娃菜洗净，撕片。

② 净锅注水烧沸，下入腊肉、娃娃菜用中火煮沸，调入食盐、味精即可。

腊味香芋南瓜煲

材料

香肠200克，香芋250克，南瓜150克，红椒10克，芹菜5克，姜5克

调料

食盐3克，味精2克

做法

① 香肠洗净切片；香芋、南瓜均洗净切块；红椒洗净切片；芹菜洗净切段；姜洗净切片。

② 净锅注水烧热，下入香肠、香芋、芹菜、南瓜、红椒，再调入食盐、味精、姜，煮15分钟至熟即可。

农家炖腊腿

材料

腊火腿肉300克，豌豆250克，土豆100克，葱花适量

调料

食盐3克，味精2克

做法

1. 腊火腿肉洗净，切块；豌豆洗净，氽水；土豆去皮，切块。
2. 净锅倒水烧热，倒腊火腿肉、豌豆、土豆，调入食盐、味精，中火煮20分钟至熟，撒上葱花即可。

锅仔浓汤一绝

材料

腊肉250克，白菜300克，老豆腐150克，红枣30克，枸杞20克，葱花适量

调料

食盐3克，味精2克

做法

1. 腊肉洗净，切块；老豆腐洗净，焯水；白菜洗净撕片；红枣、枸杞洗净泡发。
2. 净锅倒水烧热，下入腊肉、白菜、红枣、老豆腐、枸杞煮熟，调入食盐、味精用中火煮20分钟至熟，撒上葱花即可。

腊味香芋煲

材料

腊肉、芋头、香肠各250克

调料

食盐3克，味精2克

做法

1. 腊肉洗净，切薄片；香肠洗净，切段；芋头去皮洗净，切块。
2. 净锅倒水烧热，下入腊肉、香肠、芋头一起炖，调入食盐、味精用大火煮20分钟至熟即可。

提锅腊中腊

材料

腊肉200克，指天椒100克，蒜苗250克，大蒜20克

调料

食盐3克，味精2克，料酒10毫升

做法

1. 腊肉洗净，切薄片；指天椒、大蒜洗净，切碎；蒜苗洗净，切段。
2. 油锅烧热，下入腊肉大火翻炒至熟，放入指天椒、大蒜，调入食盐、味精、料酒，边炒边加入适量清水，最后放入蒜苗即可。

干锅腊味烟笋

材料

腊肉300克，烟笋250克

调料

食盐3克，味精2克，花生油适量

做法

❶ 腊肉洗净，入水煮熟，捞出切条；烟笋洗净，温水泡发，沥干，切丝。

❷ 油锅烧热，烟笋用大火炒，一边炒一边加清水，调入食盐、味精，放入腊肉加盖焖煮10分钟即可。

腌猪肉炒土豆条

材料

腌猪肉200克，土豆250克，胡萝卜、韭菜各适量

调料

食盐3克，味精2克，老抽10毫升，花生油适量

做法

❶ 腌猪肉洗净，切片；土豆、胡萝卜均洗净，切条；韭菜洗净，切段。

❷ 油锅烧热，放入猪肉片、土豆、韭菜、胡萝卜翻炒至熟，调入老抽、食盐、味精，再加点水翻炒，待熟装盘即可。

腌猪肉炒山药丝

材料

腌猪肉200克，山药250克，红椒、韭菜各适量

调料

食盐3克，味精2克，花生油适量

做法

① 腌猪肉洗净，切片；山药去皮洗净，切丝；韭菜洗净，切段；红椒洗净切丝。

② 大火烧热油锅，放入山药炸至金黄色，再放入腌猪肉翻炒至熟，下入韭菜、红椒一起翻炒，炒熟调入食盐、味精调味即可。

西芹核桃仁腌肉

材料

腌肉200克，西芹250克，核桃仁200克，红辣椒少许

调料

食盐3克，味精2克，花生油适量

做法

① 腌肉洗净，切片；西芹洗净，切段；核桃仁剥好备用；红辣椒洗净切片。

② 油锅烧热，放入西芹、腌肉、核桃仁翻炒至熟，调入食盐、味精即可。

老娘腌肉

材料

腌肉300克，干红辣椒30克，葱适量

调料

食盐3克，豆豉30克，花生油适量

做法

① 腌肉洗净，切片；干红辣椒、葱洗净，切段；豆豉洗净，沥干水分待用。

② 大火烧热油锅，放入腌肉、豆豉煸炒至熟，下入干红辣椒、葱和食盐炒至入味即可。

剁椒腌肉豆干

材料

腌肉200克，豆干250克，干红辣椒30克，葱适量

调料

食盐3克，花生油适量

做法

① 腌肉洗净，切片；豆干洗净待用；干红辣椒、葱均洗净，切碎。

② 热锅注油，放入豆干煎至金黄色，捞出摆盘，下入腌肉、干红辣椒、食盐炒入味。

③ 把炒好的肉和红辣椒放至豆干上，撒上葱花即可。

美极虾肉卷

材料

五花肉250克，虾200克，牙签少许，白芝麻适量

调料

食盐3克，生抽8毫升，花生油、香油适量

做法

1. 五花肉洗净，切片；虾洗净，入水煮熟，剥皮取出虾仁。
2. 油锅烧热，放入五花肉、生抽、香油、食盐，加点儿清水翻炒至熟，捞出。
3. 用五花肉卷住虾仁，用牙签插住，摆盘，撒上芝麻即可。

韭菜豆腐炒咸肉

材料

咸肉150克，豆腐200克，韭菜200克，辣椒30克

调料

食盐、味精各3克，花生油适量

做法

1. 咸肉洗净，切片；韭菜洗净，切段；辣椒洗净，切丝；豆腐洗净，待用。
2. 油锅烧热，放入咸肉翻炒至熟，再倒入韭菜、豆腐、辣椒一起炒，调入食盐、味精即可。

韭菜香干炒咸肉

材料

咸肉200克，韭菜、香干各100克，红椒50克

调料

食盐2克，鸡精2克，花生油适量

做法

1. 所有原材料洗净，咸肉、香干、红椒均切丝，韭菜切段。
2. 炒锅注油烧热，放入咸肉丝稍煸炒，装盘待用；净锅再注油烧热，放入香干丝翻炒至七成熟，放入韭菜段、红椒丝和咸肉丝一起翻炒，加少许食盐。
3. 调入鸡精，装盘即可。

咸肉炒韭菜

材料

韭菜200克，咸肉100克，红椒适量

调料

食盐3克，鸡精1克，花生油适量

做法

1. 将韭菜洗净，切段；咸肉洗净，切片；红椒洗净，切丝。
2. 热锅注油，下入咸肉片翻炒至八成熟，再下入红椒丝、韭菜段同炒至熟，调入食盐、鸡精翻炒均匀即可。

韭菜豆芽炒咸肉

材料

咸肉200克，豆芽100克，韭菜150克，辣椒30克

调料

食盐3克，味精3克，生抽8毫升，花生油适量

做法

1. 咸肉洗净，入水煮熟捞出，切片；韭菜洗净，切段；辣椒洗净，切碎；豆芽洗净，备用。
2. 油锅烧热，放入咸肉、豆芽、韭菜、辣椒以大火翻炒，调入食盐、味精、生抽炒匀即可。

香干炒腊肉

材料

香干300克，腊肉200克

调料

食盐3克，老抽8毫升，花生油适量

做法

1. 腊肉洗净，入锅中煮熟，捞出切片；香干洗净，切片。
2. 油锅烧热，放入腊肉大火炒熟，下入香干和少许清水一起翻炒，调入老抽、食盐炒匀即可。

山药炒腊肉

材料

山药300克，腊肉400克，辣椒50克，野山椒5克，姜片适量

调料

食盐2克，料酒4毫升，味精3克，花生油适量

做法

❶ 山药洗净，去皮，切长条；腊肉洗净用水煮好，捞出，切片；辣椒洗净，切条。

❷ 油锅烧热，加入姜片、野山椒炒香，加入食盐、料酒、山药翻炒，再加入腊肉、辣椒炒匀。

❸ 炒好后，加入味精炒匀，装盘即可。

韭黄炒咸肉

材料

咸肉250克，黄豆芽、韭黄各100克，红椒、青椒各25克

调料

食盐2克，花生油适量

做法

❶ 将咸肉洗净切片；黄豆芽洗净；韭黄洗净，切段；红椒、青椒洗净，切丝。

❷ 锅中油烧热，放入咸肉片、黄豆芽、韭黄段、红椒丝、青椒丝翻炒。

❸ 最后调入食盐，炒熟即可。

火腿瓜条

材料

火腿300克，黄瓜200克

调料

食盐、味精各3克，陈醋、花生油各适量

做法

1. 火腿洗净切条；黄瓜洗净，一半切条，一半切成薄片装盘。

2. 油锅上火，倒入黄瓜和火腿，翻炒片刻，淋入陈醋，加入食盐和味精调味，炒熟装盘即可。

豉油皇炒腊肉

材料

腊肉300克，豆芽、韭黄各100克，辣椒30克

调料

食盐3克，味精3克，老抽、花生油各适量

做法

1. 腊肉洗净，切片；豆芽洗净斩去头尾；韭黄洗净，切段；辣椒洗净，切丝。

2. 油锅烧热，放入腊肉炒至出油，调入老抽，加水焖烧，下入豆芽、韭黄、辣椒用大火炒熟。

3. 调入食盐、味精炒匀即可。

豆芽炒咸肉

材料

咸肉250克，豆芽150克，辣椒50克，葱30克

调料

食盐3克，味精2克，陈醋、花生油各适量

做法

❶ 咸肉、辣椒洗净，切丝；豆芽洗净，沥干；葱洗净，切花。

❷ 油锅烧热，放入咸肉翻炒，放入豆芽、辣椒一起炒熟。

❸ 调入食盐、味精、陈醋炒匀，撒入葱花即可。

韭黄豆干炒腊肉

材料

腊肉150克，豆干200克，韭黄200克

调料

食盐3克，味精3克，料酒、花生油各适量

做法

❶ 腊肉洗净，切薄片；韭黄洗净，沥干切段；豆干洗净，切条。

❷ 油锅烧热，放入腊肉翻炒，放入豆干、韭黄一起炒熟。

❸ 调入食盐、味精、料酒炒匀即可。

荷兰豆炒咸肉

材料

咸肉、荷兰豆、胡萝卜、黄瓜、香菇、大蒜各适量

调料

食盐、味精各3克，花生油适量

做法

❶ 黄瓜、咸肉洗净切片；大蒜、荷兰豆、香菇洗净；胡萝卜洗净，切好。

❷ 油锅烧热，放入咸肉煸炒至金黄色，捞出装盘。下入荷兰豆翻炒至熟，摆盘调入食盐、味精炒匀。

❸ 把黄瓜、胡萝卜、香菇、大蒜沿着盘边摆好，把咸肉放于荷兰豆上即可。

咸肉炒年糕

材料

咸肉、荷兰豆各200克，年糕150克

调料

食盐、味精各3克，花生油适量

做法

❶ 咸肉洗净，切片；荷兰豆洗净，折去老筋；年糕洗净，切片，冷水泡发。

❷ 油锅烧热，放入咸肉煸炒至金黄色出油，捞出；下入荷兰豆、年糕，调入食盐、味精翻炒至熟，摆盘。

❸ 把咸肉放于荷兰豆上即可。

芦蒿香干炒咸肉

材料

咸肉、芦蒿各200克，红椒80克，香干200克

调料

食盐、味精各3克，花生油适量

做法

❶ 咸肉洗净，切丝；芦蒿洗净，折去头尾，切段；香干、红椒均洗净，切丝。

❷ 油锅烧热，放入咸肉炒至出油，将芦蒿、香干、红椒一起爆炒，调入食盐、味精即可。

芦蒿炒咸肉

材料

咸肉250克，芦蒿200克，红椒150克，蒜末5克

调料

食盐4克，味精3克，花生油适量

做法

❶ 咸肉洗净，切丝；芦蒿洗净，折去头尾，切段；红椒洗净，切丝。

❷ 油锅烧热，入红椒、蒜末炒香，放入咸肉炒至出油，再放入芦蒿一起翻炒至熟。

❸ 调入食盐、味精即可。

萝卜丝炒咸肉

腊味

材料

咸肉150克，白萝卜300克，红椒100克

调料

食盐3克，味精1克，花生油适量

做法

① 咸肉洗净，切丝；白萝卜洗净，去皮，切丝；红椒洗净，切丝。

② 油锅烧热，放入咸肉翻炒至熟，放入白萝卜、红椒，调入食盐、味精炒匀即可。

咸肉炒马蹄

材料

马蹄200克，咸肉100克，青椒、红椒各适量

调料

食盐3克，鸡精1克，花生油适量

做法

① 将马蹄去皮，洗净；咸肉洗净，切片，青椒、红椒洗净，切片。

② 热锅注油，下入咸肉片翻炒至八成熟，再下入马蹄、青椒片、红椒片同炒至熟，调入食盐、鸡精翻炒均匀即可。

咸肉手撕包菜

材料

咸肉200克，包菜300克

调料

食盐3克，味精2克，花生油适量

做法

1. 咸肉洗净，切大片；包菜洗净，撕片。
2. 油锅烧热，放入咸肉两边煎炒，下入包菜用大火炒熟，至水分炒出来后，调入食盐、味精炒匀即可。

大白菜焖咸肉

材料

咸肉200克，大白菜200克，草菇、香菇、芹菜各100克，红椒20克

调料

食盐3克，味精1克，生抽、花生油各适量

做法

1. 咸肉洗净，切片，用生抽腌渍5分钟；红椒、大白菜洗净，切片；草菇、香菇洗净，泡发切片；芹菜洗净，切段。
2. 油锅烧热，放入咸肉煎炒至颜色变焦，下入大白菜、草菇、香菇、芹菜、红椒一起用大火炒匀。
3. 调入食盐、味精炒匀即可。

大蒜炒咸肉

材料

咸肉200克，大蒜150克，红辣椒200克

调料

食盐3克，味精2克，豆豉50克，红油少许，花生油适量

做法

① 咸肉洗净，切丁；大蒜、红辣椒洗净切碎；豆豉洗净，沥干装盘。

② 油锅烧热，放入咸肉、大蒜、红辣椒一起翻炒，加入豆豉、红油炒入味。边炒边加入少许清水，调入食盐、味精即可。

咸肉烧茄子

材料

咸肉200克，茄子250克，辣椒150克

调料

食盐3克，味精1克，老抽8毫升，水淀粉5克，花生油适量

做法

① 咸肉洗净，切丁；茄子去蒂洗净，切小片；辣椒洗净，切碎。

② 油锅烧热，放入咸肉、茄子、辣椒用大火爆炒至熟。

③ 调入老抽、食盐、味精，调入水淀粉勾芡即可。

茄子长豆角烧咸肉

材料

咸肉200克，茄子250克，豆角200克，干红辣椒20克

调料

食盐3克，味精3克，老抽8毫升，花生油适量

做法

1. 咸肉洗净，切丁；茄子去蒂洗净，对半剖开，切成条；豆角去筋，切段；干红辣椒洗净切碎。
2. 大火烧热油锅，放入咸肉、豆角爆炒至熟。
3. 下入茄子、干红辣椒、老抽，加点清水焖烧2分钟，调入食盐、味精炒匀即可。

蒸咸肉

材料

咸肉400克，大蒜、胡萝卜各100克

调料

食盐3克，味精3克，香油5毫升

做法

1. 咸肉洗净，切片；大蒜、胡萝卜均洗净，切细丝摆在盘底。
2. 锅内烧水，烧沸后，咸肉摆于盘中入沸水锅蒸，蒸10分钟后调入食盐、味精。
3. 起锅时滴入几滴香油，摆盘即可。

咸肉笋干炖南瓜

材料

咸肉250克，笋干200克，南瓜150克

调料

食盐3克，味精3克，高汤少许，花生油适量

做法

1. 笋干先用凉水泡胀撕成小条，洗净后再切段；咸肉洗净后切小条；南瓜去皮洗净，切小块。
2. 净锅入水煮沸，再加入咸肉、笋干、高汤用中火炖熟，调入食盐。
3. 再加入南瓜，改小火煨1小时，加入味精即可。

咸肉黄豆煮菌菇

材料

咸肉300克，黄豆100克，菌菇200克

调料

食盐3克，味精3克，高汤少许

做法

1. 黄豆洗净，泡至软；咸肉洗净，切薄片；菌菇洗净，撕片。
2. 净锅倒入清水、高汤、食盐、花生油烧开，放入咸肉，加入黄豆、菌菇用中火煮熟。
3. 起锅时加入味精即可。

西式培根时蔬卷

材料

培根450克，菜心200克

调料

食盐3克，水淀粉20克，黑椒粉10克，花生油适量

做法

❶ 培根洗净，切成大片；菜心洗净折去老叶。

❷ 培根包住菜心卷起，放入油锅煎至七分熟，捞出，沿盘边摆盘。

❸ 水淀粉勾芡淋在盘中，调入黑椒粉、食盐即可。

白菜梗炒培根

材料

白菜梗200克，培根150克，红椒、青椒各20克

调料

食盐2克，老抽、花生油各适量

做法

❶ 将白菜梗洗净，切块；培根洗净，切片；青椒、红椒洗净，切块。

❷ 锅置火上，烧热油，放入红椒、青椒爆香，再放入白菜梗、培根翻炒。

❸ 下入食盐、老抽，炒匀即可。

黑椒京葱炒培根

材料

培根450克，大葱200克，辣椒20克

调料

食盐3克，水淀粉10克，胡椒粉8克

做法

❶ 培根洗净，入锅蒸熟取出切片；大葱洗
净，斜切成段；辣椒洗净切片，摆盘。

❷ 大葱摆在盘底，再摆上培根。

❸ 水淀粉勾芡淋在培根上，调入食盐、胡椒
粉，撒上碎辣椒即可。

尖椒马蹄炒培根

材料

培根350克，马蹄200克，辣椒100克

调料

食盐3克，花生油适量

做法

❶ 培根洗净，切片；马蹄去皮洗净，切片；
辣椒洗净切片。

❷ 油锅烧热，放入培根、马蹄、辣椒用大火
翻炒至熟，调入食盐炒匀即可。

玉笋咸干肉

材料

咸干肉250克，鲜笋200克，红椒20克

调料

食盐3克

做法

① 鲜笋洗净，用开水焯熟，撒入食盐摆盘；咸干肉洗净，放入滚水中煮熟捞出，切片。

② 红椒洗净，切菱形片，摆盘。

③ 盘中间放入咸干肉，叠在一起摆好即可。

酥炸培根

材料

培根250克

调料

食盐3克，淀粉30克，番茄酱1碟，花生油适量

做法

① 培根洗净，切成长条，用淀粉加水和食盐搅拌均匀。

② 将搅拌好的淀粉均匀地裹在培根上。

③ 油锅大火加热到六成热时转至小火，下入培根慢慢炸至金黄色捞出吸油，配上番茄酱即可。